THE BOOK OF MATH

クラスメート23人のうち
2人の誕生日がおなじ**確率**は？
数学を勉強したら
だいたい50%だとわかるよ。

THE BOOK OF MATHS : Adventures in the World of Shapes and Numbers

First Published in 2021 by Ivy Kids, an imprint of The Quarto Group.
Japanese translation rights arranged with Quarto Publishing PLC
through Japan UNI Agency, Inc., Tokyo

世界一ひらめく! 算数&数学の大図鑑

2022年2月28日　初版発行
2024年4月30日　新装版初版発行

文：アンナ・ウェルトマン

絵：ポール・ボストン

訳：小林玲子

装幀：渋井史生

発行者：小野寺優

発行所：株式会社河出書房新社
〒151-0051 東京都渋谷区千駄ヶ谷2-32-2
電話：03-3404-1201(営業)　03-3404-8611(編集)
https://www.kawade.co.jp/

Printed in China
ISBN978-4-309-25741-9

世界一ひらめく！
算数＆数学の大図鑑

文＝アンナ・ウェルトマン　絵＝ポール・ボストン　訳＝小林玲子

もくじ

1 2 3 4 5 6 7 8 9 10 11 12

土星は
まんまるに見えるけれど、
完全な球体ではない。

宇宙をただよう**ハムサンドイッチ**の定理がある。

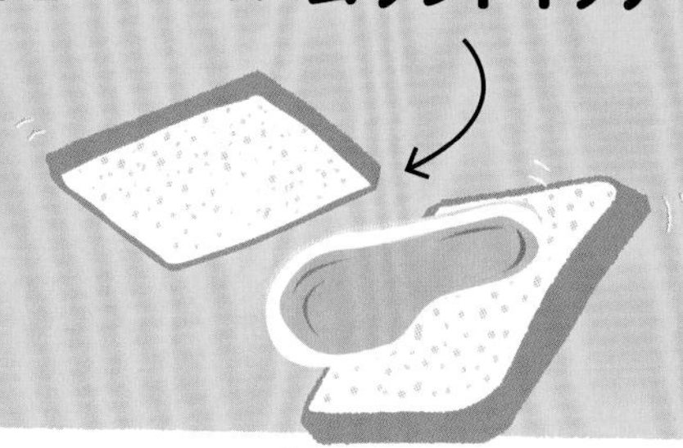

宇宙人がいたら、
人間とは
ちがうやりかたで
数をかぞえているかも。

この本について

数学は「形」。数学は「計算」。でも数学には、もっとほかの役目もある。
町や庭、道路から空の上まで、数学は毎日のあらゆるところにあるんだよ。
そして数学には、たくさんのふしぎと魔法がつまっている。
丸くないのに転がるものがあるのはなぜ？ 宇宙より大きい数ってなんだろう？
数学はいつだって、わくわくさせてくれるんだ。

小学校で習うのが算数、中学校以上で習うのが数学。
算数は「基本的な計算の力を身につける訓練」、
数学は「どうしてその答えになるのか、より筋道を立てて考える訓練」なんだ。
まだ算数しか勉強していないみんなも、
数学の世界をのぞいて「数学の考えかた」にふれてみよう。きっと、おもしろいよ。

数学者は宇宙のくらやみのはてや、庭のいちばん日当たりがいい場所について調べたりする。
高い建物をたてるし、ひみつの情報をまもる方法を考える。ゲームもするし、
絵もかくし、作曲もする。棒やねんどを使って計算していたずっと昔から、
超強力なコンピュータを使ってあっというまにむずかしい計算をする
現代まで、数学の世界ではたくさんの数学者が活躍してきた。
みんなとおなじように、個性ゆたかな人たちなんだよ。

ハチは足し算や引き算ができる。

ひまわりの種のらせんの数は、
数学的な規則どおり。

4次元の世界に住んでいたら、
もののなかみが見えるはず。

雪の結晶の形は対称で、いくつか種類がある。

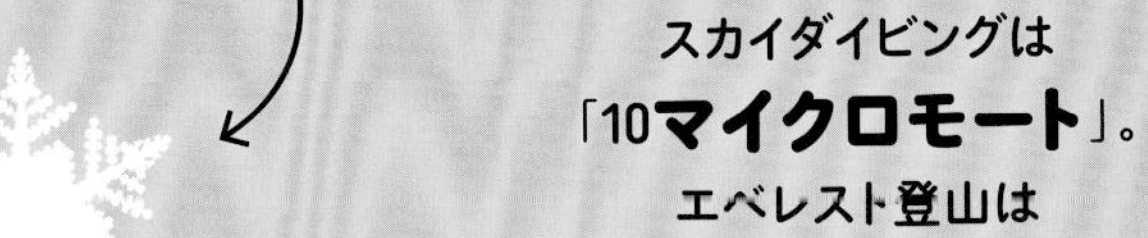

雷にうたれるのは、
とてもめずらしい。
でも宝くじに当たるほうが、
もっとめずらしいんだ。

スカイダイビングは
「10**マイクロモート**」。
エベレスト登山は
「3万7932マイクロモート」。
どういう意味かわかるかな？

この本には数学をめぐるびっくりするような話、
へんてこな話、わくわくするような話がたくさんのっている。
好きなところから読んでごらん。
さいしょのページからはじめておしまいまで読んでもいいし、
ぱらぱらページをめくって、気になるところから読んでもいいんだ。
偉大な数学者たち、コーヒーカップにばけるドーナツ、
数をかぞえる植物なんかが登場するよ。
自然の中、絵の中、建物やスポーツにかくされた数を探してみよう。
月にたどりつくには、紙を何回折ればいいかな？（思ったより少ないはず）。
ささいな計算ミスのせいで、
高いお金をかけたスペースシャトルがだめになってしまったのを知っている？
本を読んでいるうちに数学の豆知識が身につくし、
ぜったいにやぶられないひみつの暗号の作りかたがおぼえられる。
そして、むずかしいクイズで頭の体操をしよう。

数学は魔法。そして、身のまわりのあちこちにある。
見たり、さわったり、思いうかべたりできるものには、
きっと数学がかくれているんだ。
今日はどんな数学が見つかるかな？

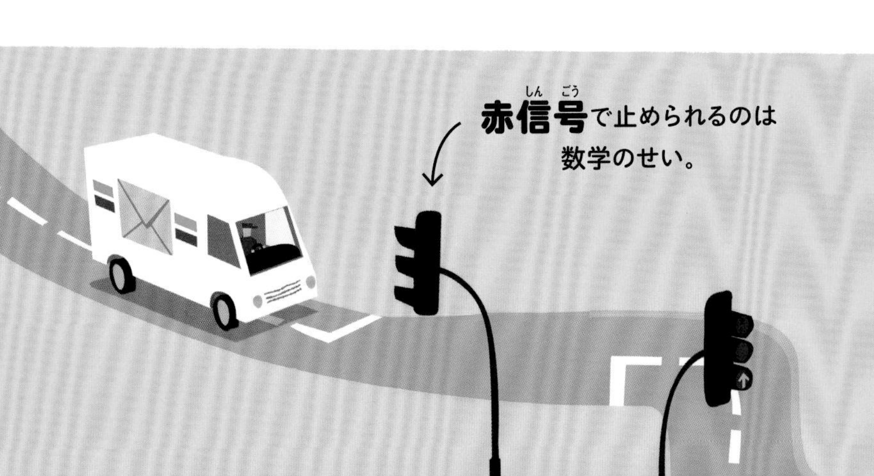

赤信号で止められるのは
数学のせい。

「**塔状比**」が大きい建物では、
船よいしてしまうことがある。

数学ってなんだろう？

みんな数学は「数の計算」だと思っているかもしれないね。でも数学の世界はもっと広いんだ。
へんてこな形やありえない数から、世界の経済や小さな分子まで、数学者はありとあらゆる研究をする。
ということは、数学ってほんとはなんなのだろう？ 数学はいつ生まれたのかな？

計算だけじゃない

足し算、引き算、かけ算、わり算。これだけわかっていたら、もうじゅうぶんだって？
それは数学のほんの一部だよ。このページで紹介する数学の種類を、
どれくらい聞いたことがあるかな。

確率論と統計学は、
できごとの起こりやすさについての学問。
サイコロをふったり、コインをなげたりしたら、
どんな結果が出るだろう？
確率論を研究する数学者は、
よく起きることとあまり起きないこと、
ぜったいに起きないことを
計算でみちびきだせるんだ。

幾何学は平たい空間や
3次元など、
空間についての学問。
幾何学を研究する数学者は
幾何学者とよばれて、
線や角度、
図形にくわしいんだ。

$\Sigma \quad x \quad \pi$

代数学は、
数学の記号をめぐる学問。
みんながよく知っている数字から、
π（3.14159…とつづく数）、
x（わからない数のかわりによく使われる記号）、
i（2乗して-1になるとき使う記号）まで、
研究のなかみはいろいろだ。
代数学が専門の数学者は
代数学者とよばれる。

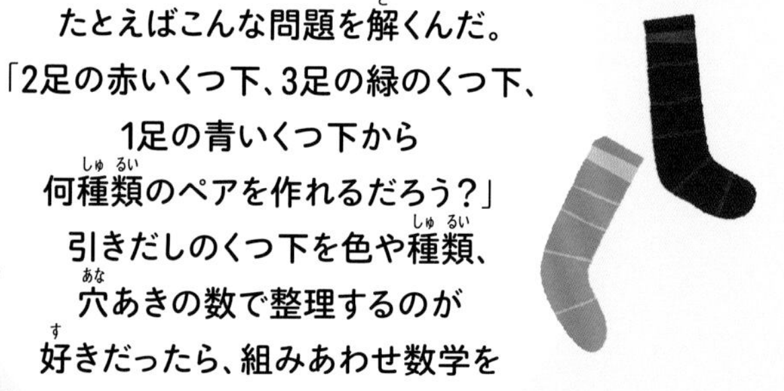

組みあわせ数学は、
組みあわせについての学問。
たとえばこんな問題を解くんだ。
「2足の赤いくつ下、3足の緑のくつ下、
1足の青いくつ下から
何種類のペアを作れるだろう？」
引きだしのくつ下を色や種類、
穴あきの数で整理するのが
好きだったら、組みあわせ数学を
勉強してごらん。

トポロジーはのびたり、
曲がったり、ねじれたり、
ぐにゃぐにゃだったりする形についての学問。
トポロジーを研究する数学者は、
もつれた結び目をほどこうとしたり、
ドーナツをコーヒーカップに変えようとしたり、
穴をあけずに風船を裏がえしにする
やりかたを考えたりする。
数学の世界の手品師なんだ。

$\propto \quad y$

微分積分
（微積分）は、
変化についての学問。
「どれくらいの速さ？（微分）」
「どれくらいの距離？（積分）」
「どう変化するの？」が
気になるきみには、微積分が
おすすめだよ。

大きくなったら……数学を使う仕事がしたい！

数学を使う仕事はたくさんある。たとえば……

エンジニア（工学者）は幾何、統計、確率を使って、
がんじょうな建物や橋、高速道路などをつくる

生物学者は微分を使って、
感染症が広がる速さを計算する

彫刻家は幾何やトポロジーから
ひらめきを得て、すぐれた作品を生みだす

店長さんは代数や統計を使って、
お店の将来を計画する

宇宙飛行士は微積分や
代数を使って、宇宙船をあやつる

数学の先生はぜ〜んぶ使う！

数学はいつ生まれたの？

数学が生まれたのは
きっと何万年も昔、
人間が数をかぞえはじめたときだ。

大昔の人たちは
「何が、どれくらいあるか」を知る方法が
ほしくて、数と計算を生みだした。
また数学を使って、がんじょうな建物を
たてる方法を見つけた。
こうして幾何ができたんだ。

大昔の数学にとって
いちばんたいへんだったのは、
時間の流れや季節のうつりかわりを
追うことだった。
中東、アジア、アメリカに住んでいた
大昔の人たちは、いつ季節が変わるのか、
きちんと知っていなければいけなかった。
それがわからなければ植物を
じょうずに植えたり、収穫したり
できなかったからね。
やがて数学が進化すると、
観察したことを記録にのこし、
先のことを予測できるようになった。

毎日のなかの数学

地球は数学で回っている！ 学校の先生に、数学は役に立つと言われたことがないかな。そのとおりなんだよ。毎日のなかで起きるちょっとした問題は、じつは数学の問題として解けるんだ。

数学はどこにあるかな……

ぐるっと見まわしてごらん。あちこちに数学が見つかるはず。
お店の商品の値引き札、薬局で薬剤師さんが量ってくれる薬、おなじ大きさに切られたピザ。
これらはかんたんな数学の問題で、だれでも毎日のように解いているんだ。

工事現場

あたらしいビルを建てるときは、
たくさん数学を使う。
設計図をかいたり、お金の計算をしたり、
必要なコンクリートなどの量を割りだしたり。
そしてもちろん、建てたあとでビルが
たおれないようにしなくちゃいけない。

お店

お店がバーゲンセールをするとき、
お客さんはどれくらい
得ができるか計算する。
よそのお店で、おなじ商品を
もっと安く売っていないかな？

金利
5%

銀行

数学の
知識があれば、
預金にどれくらい
利子がつくか
計算できる

キッチン

料理と数学は
切っても切りはなせない。
たとえばレシピより多めに
（少なめに）作りたいときは、
分量を計算しなくちゃ
いけないよね。

道路

時速50kmでドライブすると、目的地までどれくらいかかる？
ガソリンはどれくらい必要で、そのためにかかるお金は？
数学ができたら、そういったことを計算できる。

かくされた数学

身のまわりの数学には、目に見えないものもある。たとえばアルゴリズム（何かをするための数学的な手順や方法）。
世界中でコンピュータがアルゴリズムにしたがって、いろいろなものごとの予測をしたり、
山のようなデータを整理して役に立つ情報に変えているんだ。
アルゴリズムのおかげで数学者は、
統計の中のパターンを見つけだしたりすることができる。

雲の上の数学

となりの席のお客さんより、
きみの買った航空券のほうが高いのはなぜだろう？
答えは数学。コンピュータは
「みんながどの席をほしがるか」という
情報をもとに、航空券の値段をきめている。

ハブ・アンド・スポーク

世界中で何十億という手紙や小包がやりとりされている。それらがまちがいなく、
すばやく目的地につくのはなぜ？ またまた、答えは数学。アルゴリズムを使えば、
荷物をいちばんむだなくとどける方法がみちびきだせる。荷物はまず「ハブ」とよばれる
場所に集められる。そこで仕分けられて、目的地に送られるんだ。ハブと目的地の
あいだの道を「スポーク」とよぶ。自転車の車輪のスポークとおなじだね。

確率はどれくらい？

住んでいるところや
持ちものがだめになってしまったときは、
保険に入っていたら補償がされる。
保険会社はアルゴリズムを使って
「災害などが起きる確率」を計算している。

ストップ、ゴー、ストップ

信号機はどうやって、
赤信号の時間をきめているのかな？
答えは数学（アルゴリズム）！
アルゴリズムを使って、
うまくいかないと、交差点で
車が渋滞してしまうんだ。

おすすめの曲

スマートフォンが、
きみの好きな音楽を知っているのはなぜだろう？
やっぱり答えは数学。
おおぜいの人たちの
音楽の好みについてのデータをもとに、
きみが聞きたい音楽を予測しているんだ。

晴れときどき雨

気象予報士が、お天気を予測するやりかたを
知っているかな？ コンピュータのアルゴリズムは、
空や海についての情報をたくさんあたえられている。
どんなお天気になる確率が高いか、
それらをもとに計算しているんだ。
でもどれほどかしこいコンピュータでも、
まちがえることはあるんだよ。

ひとめでわかる数学の歴史

数学はどこではじまったんだろう？
数をかぞえるための先史時代（まだ文字がなく、記録がのこされていない時代）の棒から、最近の発見まで、数学の歴史にのこる大きなできごとを紹介するよ。

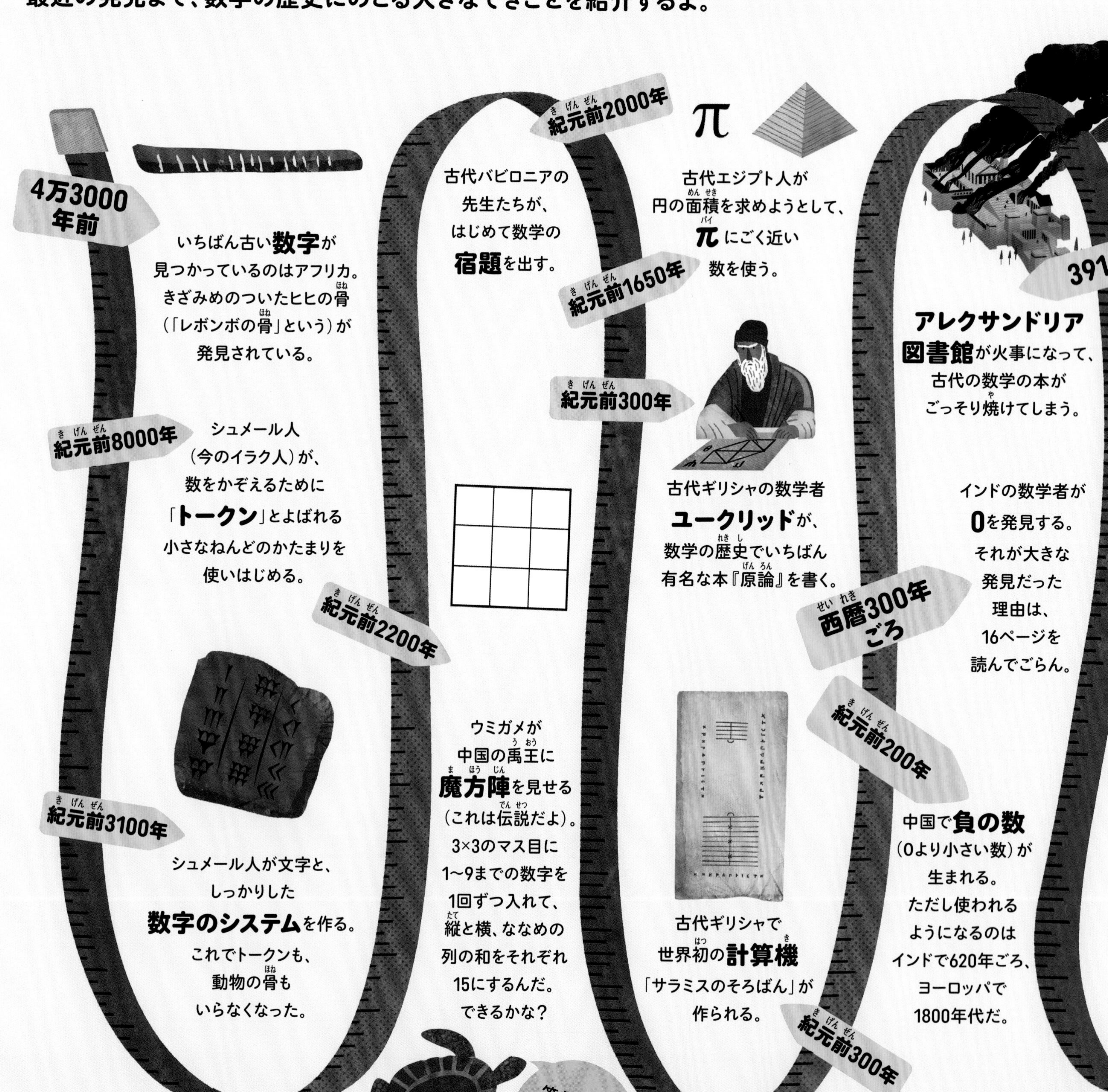

4万3000年前
いちばん古い**数字**が見つかっているのはアフリカ。きざみめのついたヒヒの骨（「レボンボの骨」という）が発見されている。

紀元前8000年
シュメール人（今のイラク人）が、数をかぞえるために「**トークン**」とよばれる小さなねんどのかたまりを使いはじめる。

紀元前3100年
シュメール人が文字と、しっかりした**数字のシステム**を作る。これでトークンも、動物の骨もいらなくなった。

紀元前2200年
ウミガメが中国の禹王に**魔方陣**を見せる（これは伝説だよ）。3×3のマス目に1〜9までの数字を1回ずつ入れて、縦と横、ななめの列の和をそれぞれ15にするんだ。できるかな？

答えは本の88ページを見てね！

紀元前2000年
古代バビロニアの先生たちが、はじめて数学の**宿題**を出す。

紀元前1650年
古代エジプト人が円の面積を求めようとして、**π**にごく近い数を使う。

紀元前300年
古代ギリシャの数学者**ユークリッド**が、数学の歴史でいちばん有名な本『原論』を書く。

紀元前300年
古代ギリシャで世界初の**計算機**「サラミスのそろばん」が作られる。

紀元前200年
中国で**負の数**（0より小さい数）が生まれる。ただし使われるようになるのはインドで620年ごろ、ヨーロッパで1800年代だ。

西暦300年ごろ
インドの数学者が**0**を発見する。それが大きな発見だった理由は、16ページを読んでごらん。

391年
アレクサンドリア図書館が火事になって、古代の数学の本がごっそり焼けてしまう。

250～900年ごろ

メキシコと中央アメリカで、
マヤ族が数学を使って
しっかりした
カレンダーを作る。

600年ごろ

1 2 6 3 4 7

今使われている
アラビア数字が
インドで生まれる。

800年ごろ

イランで世界初の
代数の本が書かれる。
本の題名の一部
「アル=ジャブル
（ばらばらになったものを
つなぎなおす）」が、
アルジェブラ（代数学）
という単語のもとだ。

1360年

フランスで「＋」記号が
作られる。
（「－」が生まれるのは100年後）。

1557年

「～に等しい」と
書くのがいやになった
イギリスの数学者が
「＝」（等号）を作る。

1637年

x

代数の問題を解くとき、
わからない数に
「X」を使うようになる。
それまでは
文章であらわしていたんだ。

1600年代後半

ライバルどうしの数学者、
アイザック・ニュートンと
ゴットフリート・
ライプニッツが
微積分を発見する。
なんと、
ほぼ同時だった！

1795年

メートル法が生まれる。
世界ではじめて、
みんながおなじ単位で
ものを測れるようになった。

1834年

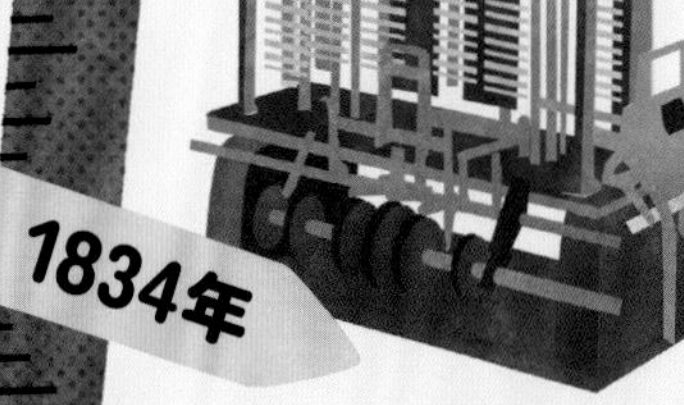

イギリスの数学者、
チャールズ・バベッジが
最初のコンピュータを
作る。

1970年

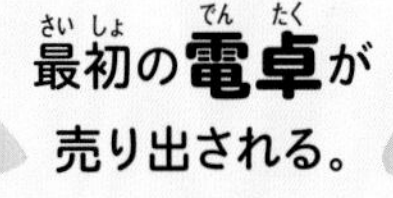

最初の**電卓**が
売り出される。

1975年

フランスの数学者、
ブノワ・マンデルブロが
フラクタルを発見する。

1976年

コンピュータが
はじめて、
重要な
数学の定理を
証明する。
四色定理に
ついては68ページを
読んでみよう。

2000年

アメリカの
クレイ数学研究所が、
7つの数学の
未解決問題に
1問100万ドルの
賞金をかける。
さて、どれか
解けたのかな？
77ページを
見てごらん。

2019年

日本人技術者の
岩尾エマはるか、
πを
約31兆4000億桁まで
計算する。

数学の殿堂

このページの有名な数学者を、何人くらい知っていたかな？
数学の殿堂をたずねてみよう。今まで知らなかった人がいるかもしれないよ。

ユークリッド

紀元前300年ごろ
エジプト／ギリシャ

ユークリッドは「幾何学の父」とよばれている。
有名な本『原論』は、
2000年以上も教科書として
使われているんだよ！

劉徽

263年ごろ
中国

世界ではじめて
数学の「証明」を書いた人のひとり。
証明とは、命題が正しいことをしめす
文章や式のことだ。
数学にとって、証明はとても大切なんだよ。

ヒュパティア

355年ごろ～415年
ギリシャ

この時代のいちばんの数学者にして天文学者。
ヒュパティアの話を聞こうと、
世界中から弟子がやってきた。
残念ながら、ヒュパティアが書いた本のほとんどは
失われてしまった。

ブラフマグプタ

598年～655年ごろ
インド

世界ではじめて0を使って
数学の研究をした人。
負の数を使うときのルールも
書きのこしている。

フワーリズミー

780年ごろ～850年ごろ
ペルシャ

今、使われている代数の
ルールを作った人。
アラビア数字（0,1,2,3,4,5,6,7,8,9）を
ヨーロッパに広めたのもこの人だ。

ジェロラモ・カルダーノ

1501年～1576年
イタリア

数学者、医者、天文学者にして賭博師。
はじめて確率（できごとの起こりやすさ）を
研究した数学者のひとりだ。
大好きな賭博をとおして、
確率にくわしくなっていったんだ。

エイダ・ラブレス

1815年～1852年

イギリス

世界初のプログラマーといえる人。
はじめて世界に登場した
コンピュータのひとつ、
「解析機関」のプログラムを書いた。

ジョン・コンウェイ

1937年～2020年

イギリス

数学を使ったゲームが大好きだった。
かんたんなルールにしたがって
小さなセル（細胞）のグループが進化していく、
「ライフゲーム」というゲームを作ったんだ。

「ライフゲーム」では、
色つきのセルは生きていて、
色なしのセルは死んでいる。
ルールはこうだ。

1. 色つきのセルは、2つか3つのセルと
つながっていたら生きつづける。
（ななめの場所にあるセルでもいい）。

2. 色つきのセルは、2つか3つのセルと
つながっていなければ死んでしまう。

3. 色なしのセルは、3つの色つきのセルと
つながったら生きかえる。

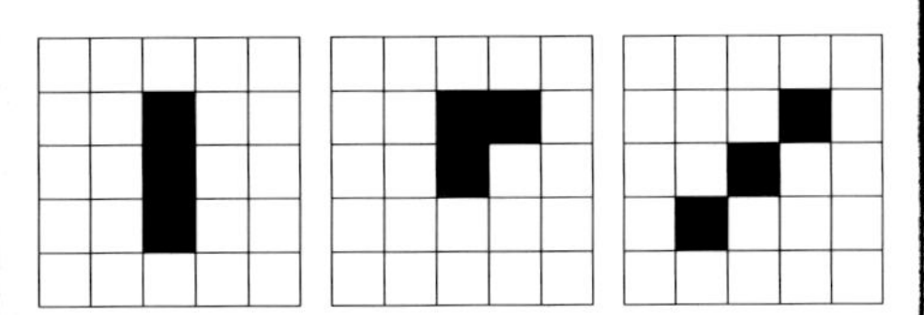

上のセルのグループ3つのうち、
死んでしまうのはどれだろう？

答えは88ページを見てごらん。

ソフィア・ヴァシーリエヴナ・コワレフスカヤ

1850年～1891年

ロシア

女の人が数学の世界で活躍するための
道を切りひらいた人。
近代ヨーロッパで女の人としてはじめて、
数学の博士号をとったんだ。
水や音、熱がどのように動いているのか、
数学を使って説明した。

ウィリアム・A・マッセイ

1956年～

アメリカ

応用数学の研究者。
エンジニアや科学者、
経済学者などが、
テクノロジーの進化や病気の
治療といったことに使うのが応用数学だ。
マッセイは「列を作ること（行列）」を
数学的に研究している。

ポール・エルデシュ

1913年～1996年

ハンガリー

エルデシュはだれかといっしょに研究をするのが大好きだった。
「エルデシュ数」という、おもしろい数がある。
エルデシュといっしょに研究をした人は1、
エルデシュといっしょに研究をした人と研究をした人は2
……と、つづいていくんだよ！

テレンス・タオ

1975年～

オーストラリア／アメリカ

2歳のころ、だれにも教わらずに算数の基本を身につけ、
15歳ではじめての本
『数学オリンピックチャンピオンの美しい解き方』を書いた。
いくつかの数学の未解決問題を、
解決にむけてぐんと前進させている。

マリアム・ミルザハニ

1977年～2017年　イラン

若くすぐれた数学者におくられる、数学の世界で
もっとも大きな賞を「フィールズ賞」という。ミルザハニは
今までフィールズ賞を受賞した、ただひとりの女の人。
双曲幾何学という、馬に乗るときの鞍のような、
曲線をもつものについての研究がみとめられたんだ。

数のコンテストの1等賞は？

いろいろな場面で「いちばん」といわれる数を紹介するよ。
どこがとくべつなんだろう？

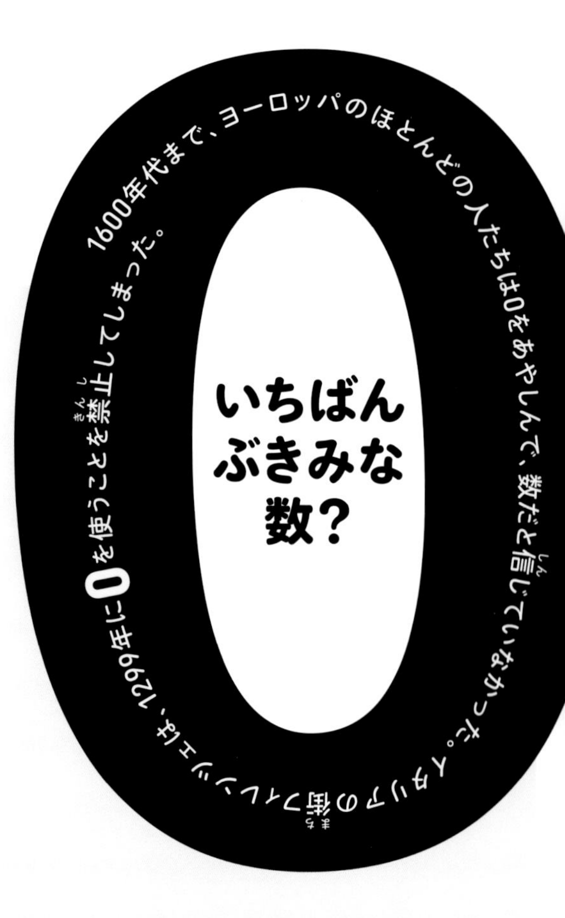

いちばんべんりな数字

0という数字は、まだ生まれてから2000年もたっていない。
その前までは「何もない」ことをあらわす数字はなかった。
0なしで、みんなどうしていたんだろう？

今では、0は2つの目的のために使われる。
1つは「何もない」をあらわすこと。

もう1つは、とても大きかったり小さかったりする数字をあらわすこと。
0が発見されるまではそういった数字をあらわすのに、
ややこしい記号や絵を使っていたんだ。
0が生まれたから、0～9の数字をくりかえし使えるようになった。

「2」と「0」だけで、
大きかったり小さかったりする数字が
いくらでも書ける。

0.0002,
0.002,
0.02, 0.2,
2, 20, 200,
2,000,
20,000

古代エジプト人は0をもたなかった。
かわりに1、10、100から100万まで、べつべつの記号をあてていたんだ。
つまり、ものすご～く長い数字もあったということ。
下の図は**275万8346**を、古代エジプトのヒエログリフ数字であらわしたものだよ。

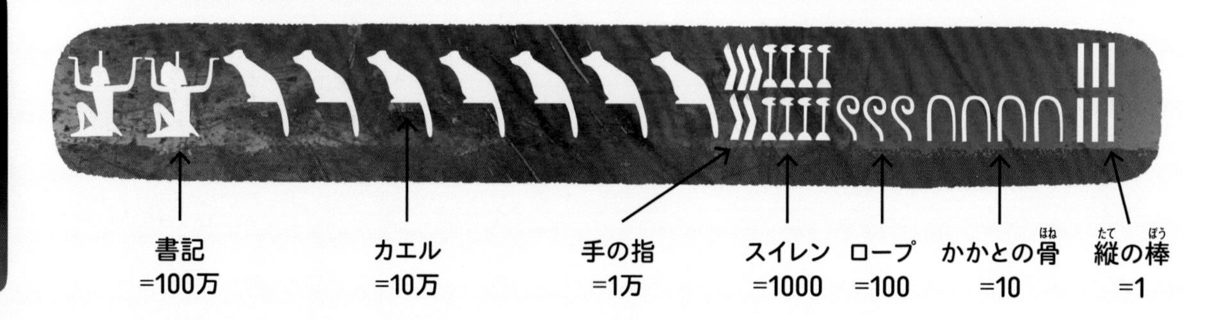

そのほかのとくべつな数

それぞれ、
つぎにどんな数がくるか
わかるかな？

三角数

三角数とは、
正三角形になるように
ならべたときの
点の数の合計。
はじめの4つの点の数は
1、3、6、10だ。

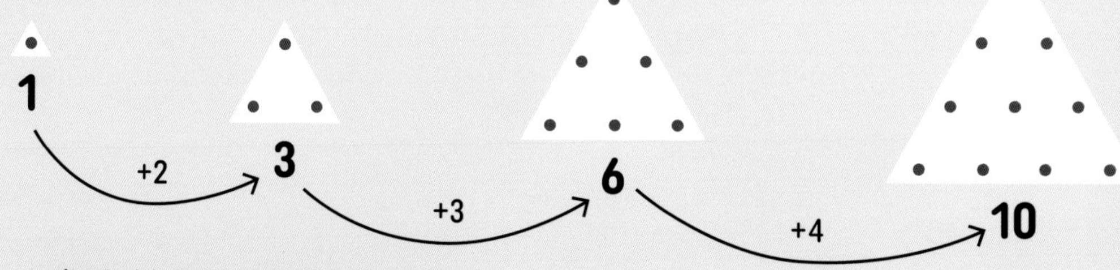

三角形が大きくなるたび点がふえる。
点のふえ方は1個、2個、3個、4個だね。

いちばん完全な数

6は「完全数」。なぜだと思う？

自分自身をのぞくすべての約数の和が、もとの数とおなじになるからだ。

6は1、2、3で割りきれる。
1+2+3=6

いちばん人気のある数

イギリスの数学者アレックス・ベロスが、3万人以上に「いちばん好きな数は？」と聞いてみた。
優勝したのは「7」。
約9.7%の人がそう答えたんだ。

今までのところ51個の完全数が発見されている。いちばん小さいのが6、いちばん大きいのは4972万4095桁もある！

ぜんぶの数字をそれぞれ横はば$\frac{1}{2}$インチ（1.27㎝）で書きだしたら、サンフランシスコからロサンゼルスまで行ってしまう。

いちばんよく使われる1桁目の数字

大きな数字がずらりとならんでいる表を見たら、ちょっとふしぎなことに気づくかもしれない。表の数字のほとんどが1からはじまっているんだ。じつは3分の1くらいがそうなんだよ。どうしてだろう？

このことを「ベンフォードの法則」という。国の人口、川の面積、地球から宇宙の星までの距離など、大きな数字を集めた表にはみんなあてはまるんだ。

では、いちばん使われない1桁目の数字は？ 答えは9。ベンフォードの法則によると、たくさんの数字を集めたとき、9からはじまるのはたった5%くらいなんだ。

ベンフォードの法則は犯罪をあばいたり、詐欺師をつかまえたりするのにべんり。お金をちょろまかし、いんちきな記録を作ってごまかそうとするとき、悪い人たちはベンフォードの法則にしたがうのをついわすれてしまうんだよ。

ピザの切りかた

直線を使ってピザを切ったら、いちばん多くて何切れとれるかな。はじめの4つの数は2、4、7、11。

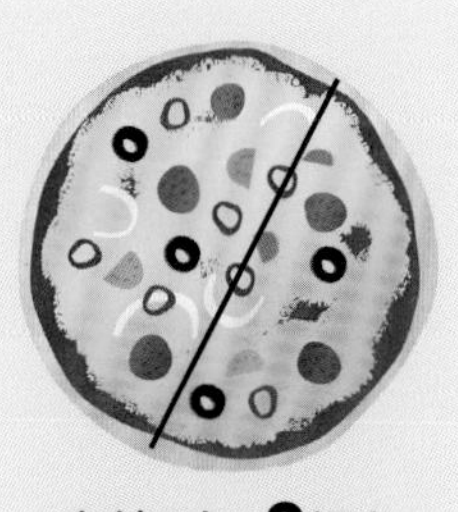
直線1本=**2**切れ

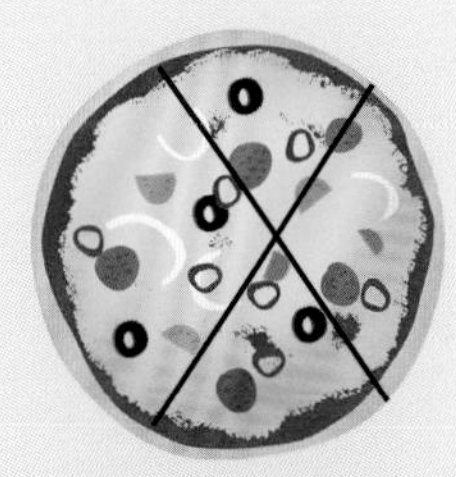
直線2本=**4**切れ

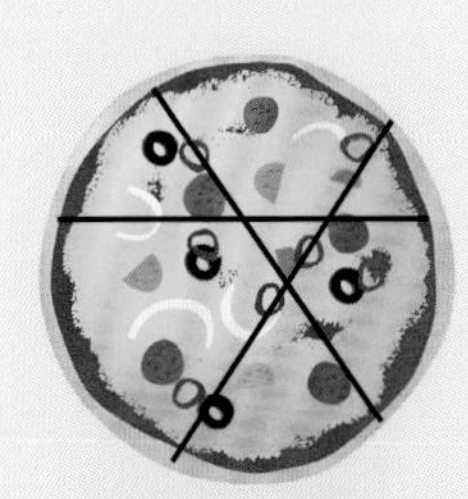
直線3本=**7**切れ

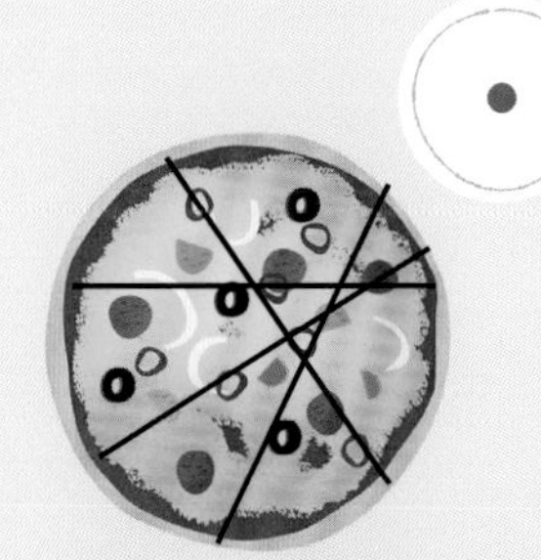
直線4本=**11**切れ

+2　+3　+4

ウノ、イー、ワーヒド。世界の数のかぞえかた

世界はひとつ。でも、数をあらわす言葉はたくさんある。
それぞれの国では、どんなかぞえかたをしているのかな。きみは、いくつの言葉で5までかぞえられる？

英語を話す人は、みんなおなじように数をかぞえるのかな？

じつはイギリスとアメリカでは、
数をあらわす手話がちがうんだよ！
わかるかな？

アメリカの手話

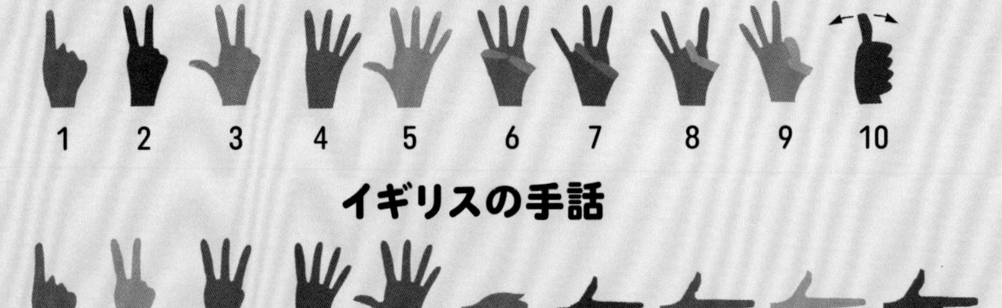

ロシア語
アヂン、ドヴァー、トリー、
チェティーリ、ピャーチ

韓国語
ハナ、トゥル、
セッ、ネッ、タソッ

ギリシャ語
エナ、ディオ、トリア、
テッセラ、ペンデ

アジア

ウルドゥー語
（パキスタン）
エーク、ドー、ティーン、
チャール、パーンチ

北京語
（中国）
イー、アル、
サン、スー、ウー

ヘブライ語
（イスラエル）
アハット、シュタイム、
シャロシュ、アルバ、
ハメシュ

インドネシア語
サトゥ、ドゥア、ティガ、
ウンパッ、リマ

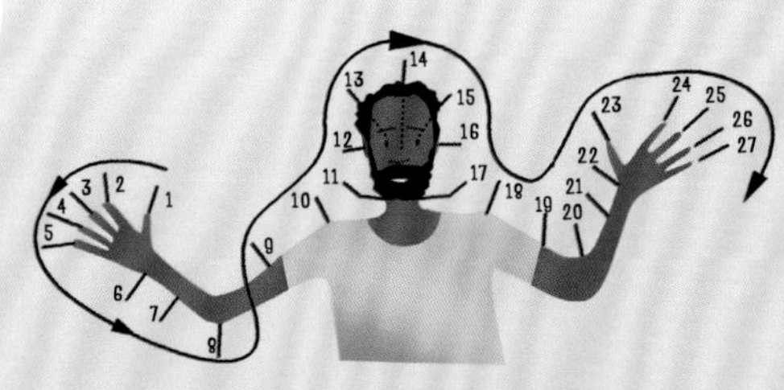

パプアニューギニアで話されている
オクサプミン語では、
胸から上をまんべんなく使ってかぞえる。
1～5はかたほうの手の指、
そのあとは手首やひじ、肩、顔など。
数をあらわす言葉も、
体の部分がもとになっている。
14（アルマ＝鼻）より大きな数は、
体のはんたいがわを使い、
「タン」（はんたいがわ）という言葉をつけたす。

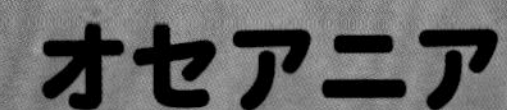

パプアニューギニアで話されている
山岳アラペシュ語（ブキイプ語）には、
数のかぞえかたが2種類ある。どっちを使うかは、
かぞえるものしだい。魚やココナッツ、日にちといったものと、
ビンロウジ（ヤシ科の植物の種）やバナナ、
1月や2月などの月の名前では、かぞえかたがちがうんだ。

世界の数の「進みかた」

ちょっと旅に出たら「18+2=10」に出会える。べつの土地にいけば「1+1=10」。どうして、こうなるの？

進法の世界へようこそ

世界の多くの国では、数はすべて10を基準にしている。そのことを「十進法」というんだ。
では、べつの数字を基準にしていたらどうだろう？

十進法

数字のシステムはかならず1からはじまる。**十進法**では、
1の位を**9回**使ってから10の位に進む。
10の位を**9回**使ってから100の位に進む。そのあともおなじ。

十進法を図にすると……

100 100 100 100 100 100 100 100 100 ×10 10 10 10 10 10 10 10 10 10 ×10 1 1 1 1 1 1 1 1 1

100の位
100kgのおもりが9個

10の位
10kgのおもりが9個

1の位
1kgのおもりが9個

はかりの上のクマの体重は159kg。十進法のおもりを使うとそうなる。

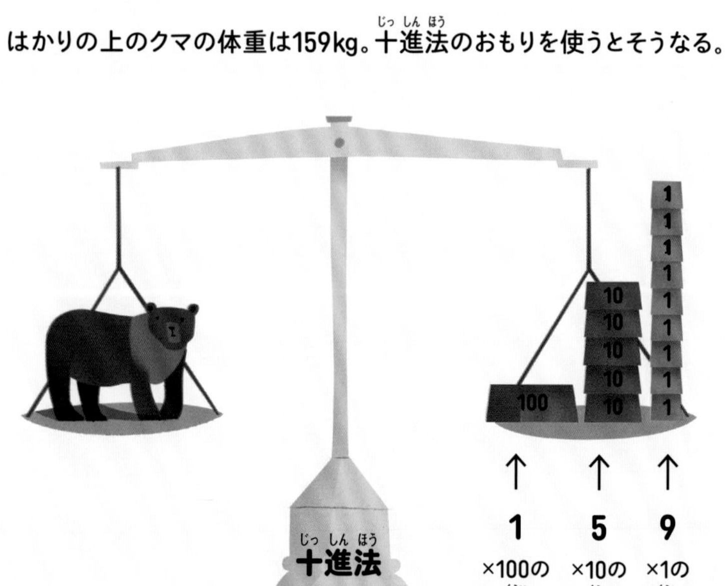

六進法

六進法では、
1の位を**5回**使ってからあたらしく6の位に進む。
つぎは6の位を**5回**使ってから、36の位に進むんだ。

六進法を図にすると……

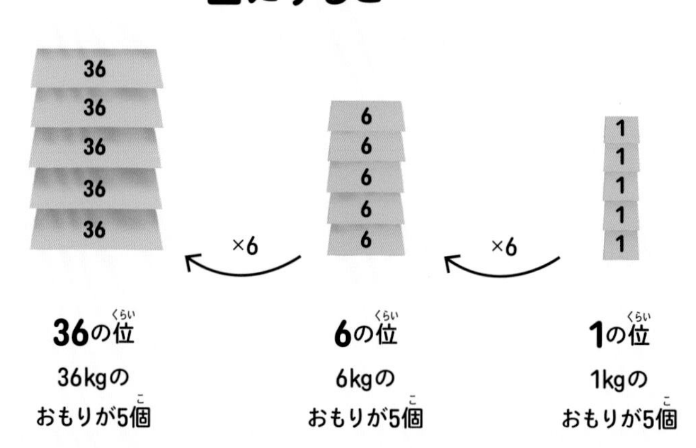

六進法のおもりで量ると、クマの体重は423kgになる。

大昔の世界

十進法があたりまえだと思っているかもしれない。でも何千年も昔の人たちは、ちがう進法を使ってかぞえていたんだ。古代バビロニア人は**六十進法**を使っていた。1の位を59回使い、それから60の位にうつったんだ。古代バビロニア人に十進法を教えたら、今のみんなが六進法にとまどうのとおなじくらい、おろおろしてしまうはず。

1　2　3　4　5　6　7　8　9　10　20　30　40　50　60

古代バビロニアの数字のシステムには、ある大きな欠点があった。桁の1つが「何もない」とき、それをあらわす方法が長いあいだなかったんだ。今の人間は0を使う。そうやって1と10を区別しているよね。でも古代バビロニア人は0をもたなかった。だから60と1を、まったくおなじように書いたんだ。ああ、ややこしい！

今の世界でも、十進法だけが使われているわけではないよ。

時間

1分は60秒、1時間は60分。
そう、**六十進法**だ！
時間のかぞえかたはどこで生まれたと思う？
古代バビロニアだよ。

オンスとポンド

1ポンドは16オンス。
十六進法だね。

インチとフィート

1フィートは12インチ。
インチとフィートで
背の高さを測ったら、
十二進法を
使っていることになる。

二進法

二進法がなかったら、コンピュータも生まれなかったはずだ。
二進法（「バイナリ」ともよばれる）で使う数は0と1だけ。だから二進法でコンピュータにたいして命令を出すときは、スイッチの「オン・オフ」としてあらわすことができるんだ。発明されたばかりのころのコンピュータは、針金とスイッチの入ったただの大きな箱だった。
今では、スイッチは「トランジスタ」とよばれる小さな部品になっている。

1　0　0　1　1

かぞえかた

みんなが十進法で
かぞえているわけじゃないよ。世界には、
ほかの基準を使っている言語もあるからね。
たとえば西アフリカのヨルバ語は、
二十進法を使っている。

宇宙のかなたで

宇宙人はどうやってかぞえているのかな。人間が十進法を使うのは、手の指が左右あわせて10本だからかもしれない。指や腕の本数がちがう宇宙人なら、べつの数字のシステムを使っているかもしれないね。

すごーく大きな数学

宇宙より大きいものってなんだろう？ 答えは数学！
数学者はこの世界のルールにしばられずに、大きなものを追い求めているんだよ。

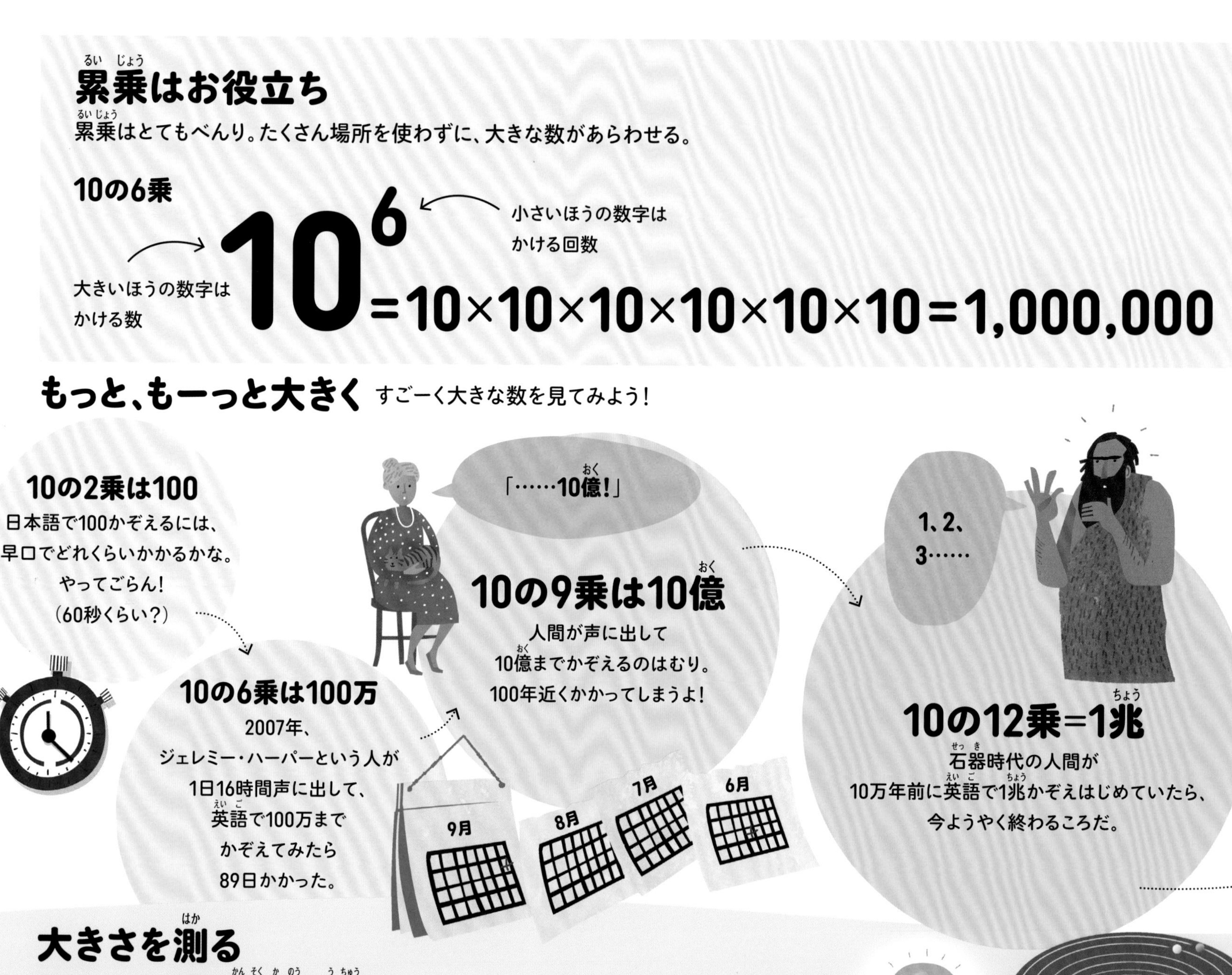

累乗はお役立ち

累乗はとてもべんり。たくさん場所を使わずに、大きな数があらわせる。

10の6乗

小さいほうの数字はかける回数

大きいほうの数字はかける数

$$10^6 = 10 \times 10 \times 10 \times 10 \times 10 \times 10 = 1{,}000{,}000$$

もっと、もーっと大きく

すごーく大きな数を見てみよう！

10の2乗は100

日本語で100かぞえるには、
早口でどれくらいかかるかな。
やってごらん！
（60秒くらい？）

10の6乗は100万

2007年、
ジェレミー・ハーパーという人が
1日16時間声に出して、
英語で100万まで
かぞえてみたら
89日かかった。

「……10億！」

10の9乗は10億

人間が声に出して
10億までかぞえるのはむり。
100年近くかかってしまうよ！

1、2、
3……

10の12乗＝1兆

石器時代の人間が
10万年前に英語で1兆かぞえはじめていたら、
今ようやく終わるころだ。

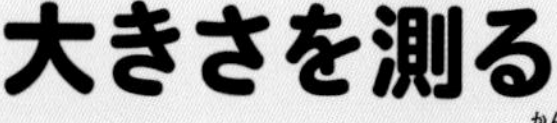

大きさを測る

下のスケールは人間から観測可能な宇宙まで、
いろいろなものを累乗であらわしている。単位はmだ。
（24ページには、とても小さいスケールがあるよ）。

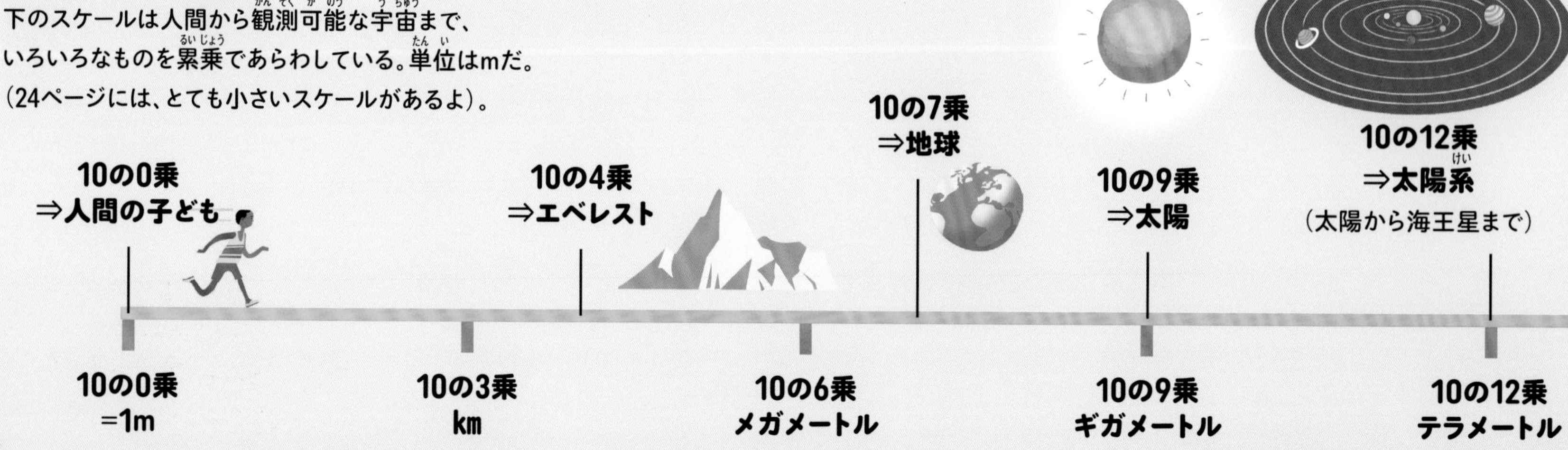

10,000,000,000,000,000,000,000,000,000,000,000,000,000,000,000,000,000,000,000,000,000,000,000,000,000,000,000,000,000,000,000,000,000

10の100乗=1グーゴル

(1のあとにゼロが100個)

「グーゴル」と名づけたのは9歳の男の子。
1グーゴルは数学者の頭の中にしかない。
宇宙の粒子をぜんぶ集めても、
1グーゴルにならないんだよ。

10の1グーゴル乗 =1グーゴルプレックス

(1のあとにゼロが1グーゴル個)

もし宇宙のはばが1グーゴルプレックスメートルなら、
宇宙を旅しているうちに自分の分身たちと出会うことになる。
人間のもとになっているすべての物質の
組みあわせのパターンが、
1グーゴルプレックスより少ないからだ。

10の24乗=1秭

宇宙の星の数は
これくらいあるといわれている。

∞=無限。これがいちばん大きい数字かな?
ううん、ちがうよ。数学の世界では、無限にもいろいろな大きさがあるんだ。

$\aleph_0$=アレフ・ゼロ

これがいちばん小さい無限。
1、2、3…とはてしなくかぞえ
ていくことでできるんだ。
「可算無限」ともよばれる。

C=連続体

分数、小数、
πのようなふしぎな数など、
すべての数をふくむことで
できる無限。
アレフ・ゼロより大きく、
かぞえることはできない。

いちばん大きな無限というものはあるかな?
くわしくはだれも知らない。

10の16乗
⇒光年

10の21乗
⇒銀河系

10の27乗
⇒「観測可能な宇宙」
(地球に光が
届く範囲のこと)

10の15乗
ペタメートル

10の18乗
エクサメートル

10の21乗
ゼタメートル

10の24乗
ヨタメートル

10の27乗

すごーく小さな数学

1より小さくて、0より
大きいものってなーんだ？
答えは「いろいろなもの」。
数学を勉強すると、よくわかるよ。

マイナスの累乗

累乗にはプラスだけじゃなくて、マイナスもある。
マイナスの累乗を使えば、とても小さい数をあらわすことができる。

じゃあ、0乗は？
じつはどんな数でも、
0乗すると1になるんだ。

10のマイナス6乗

$$10^{-6}=0.1^{6}=0.1\times0.1\times0.1\times0.1\times0.1\times0.1=0.000001$$

マイナスの記号は10ではなく
0.1（10分の1）をかけるという意味

もっと、もーっと小さく

びっくりするくらい小さい数を見てみよう。

10のマイナス1乗
=10分の1（0.1）
世界の人口の約10分の1は
ヨーロッパに住んでいる。

10のマイナス2乗
=100分の1（0.01）
この本を15分読んでいたら、
1日の時間の
約100分の1を読書に
使っているということ。

10のマイナス3乗
=1000分の1（0.001）
世界最小の鳥はマメハチドリ。
体重は約2gで、
小さなニワトリの体重の
1000分の1くらいだ。

小ささを測る

右のスケールは
人間から
ごく小さいものまで、
いろいろなものを
あらわしている。
単位はmだ。

10の0乗
⇒人間の子ども

10の
マイナス2乗
⇒まつげ

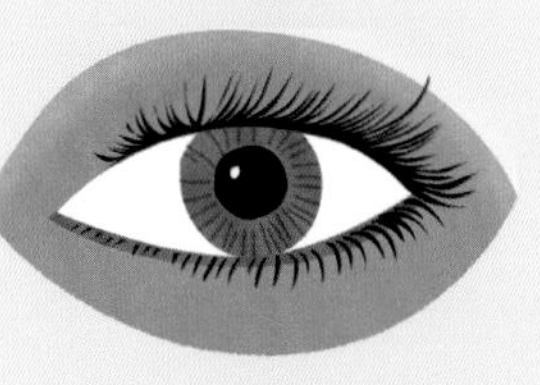

10のマイナス5乗
⇒赤血球

10の0乗
=1m

10のマイナス3乗
mm

10のマイナス6乗
マイクロメートル

10のマイナス11乗

世界一すぐれた顕微鏡を使えば、
水素原子の半径くらいの
大きさのものが見える。
つまり1mの1000億分の1だ。

10のマイナス16乗

サイコロを2個ふって、
10回つづけて1のゾロ目が
出る確率は約1京分の1。
ほぼありえないんだね。

10のマイナス100乗
=1グーゴル分の1

こんな数も
あるんだよ！

10のマイナス9乗
=10億分の1（0.000000001）

私たちが計算ができるようになるのは、
地球の年齢、
46億歳の約10億分の2か3くらい。

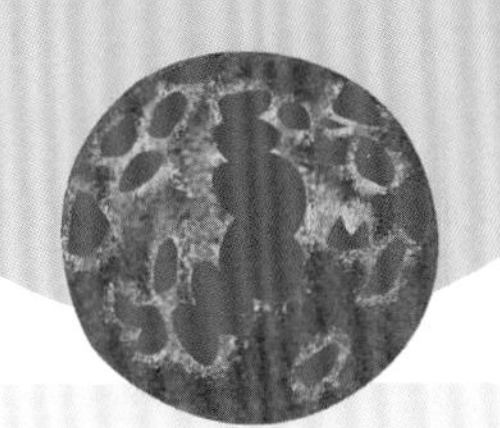

10のマイナス183800乗

パソコンにむかったサルが、
シェイクスピアの『ハムレット』を
1度でまちがいなく書きあげる確率。
小さい数だけれど、0よりは大きいんだね。

とても小さい？　存在しない？

0と0.1ではどっちが小さい？　もちろん、0だよね。何ももらわないより、
ケーキ0.1切れ（10分の1）をもらったほうがいい。でも、こう質問されたらどうかな。
0と0.000…（どこまでもつづく）1は、どっちが小さい？

ややこしい質問だなあ！　答えは「おなじ」。0.000…1のほうが、
はてしない0の列のさいごに1があるから、0よりちょっとだけ大きいように思えるかもしれない。
でもじっさい、0と0.000…1に差はないんだよ。

こう考えてごらん。0.000…1という数字を書いてみる
ことにしたら（あいだのゼロもぜんぶ書くんだよ）、
1にたどりつくかな？　1はないのとおなじなんだ。

小さな数、大きなまちがい

小さなできごとが、大きな
「しまった！」につながることがある。
1990年、ハッブル望遠鏡が
打ち上げられた。ところが地球に
とどいた画像はピンぼけだった。
どうしてだろう？
望遠鏡のレンズのはしが
2マイクロメートル（1mの100万分の1）、
うすかったからなんだ。
その小さな不具合をなおすのに、
10億ポンド（約1550億円）もかかった。

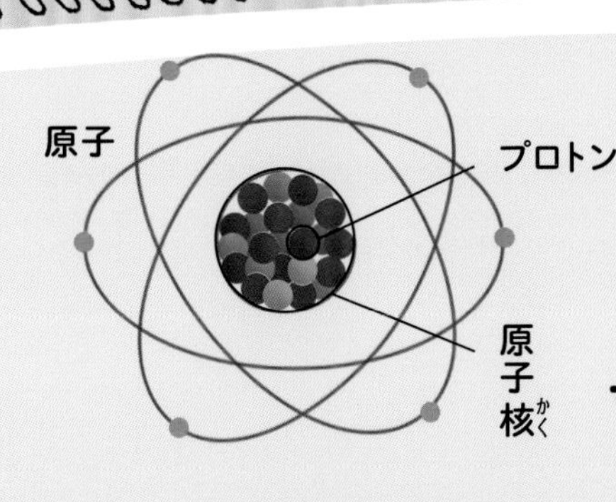

10のマイナス9乗とマイナス10乗のあいだ⇒原子

10のマイナス14乗⇒原子核

10のマイナス15乗⇒陽子

10のマイナス16乗⇒クォーク
（ものを作りあげる最も小さな単位、
素粒子のひとつ。
少なくともこれくらい小さい）

10のマイナス9乗
ナノメートル

10のマイナス12乗
ピコメートル

10のマイナス15乗
フェムトメートル

10のマイナス18乗
アトメートル

自然界のシンメトリー

シンメトリーにはいろいろな種類がある。
このページでは、自然界にかくされた
たくさんのシンメトリーをちょっとだけ見てみよう。

(対称性=つりあいがとれていること)

鏡像対称性

鏡像対称性とは、まんなかに鏡をおいたように見えること。
2つ(またはそれ以上)の部分が鏡にうつしたようにそっくりだったら、
鏡像対称性があるんだ。

体の左右が対称ではない動物が思いつくかな。
たぶん、むずかしいよね。
さて、どうしてだろう?

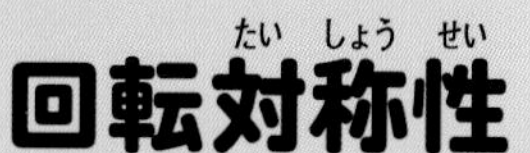

回転対称性

中心を軸にいくらか回転させて、
もとの形とまだおなじように見えるなら、
回転対称性があるということ。

自然界の多くのものは回転対称性をもっている……

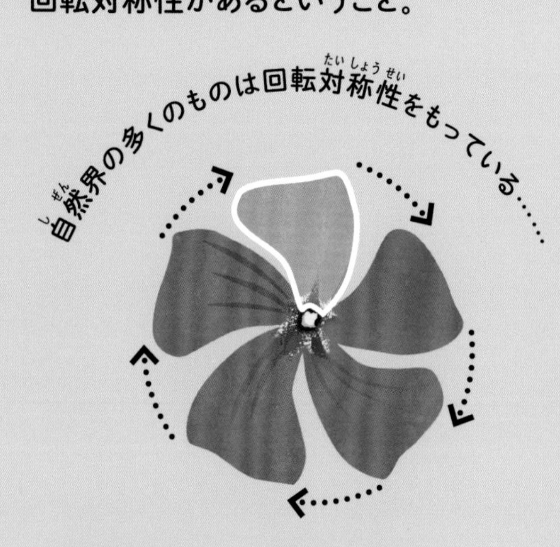

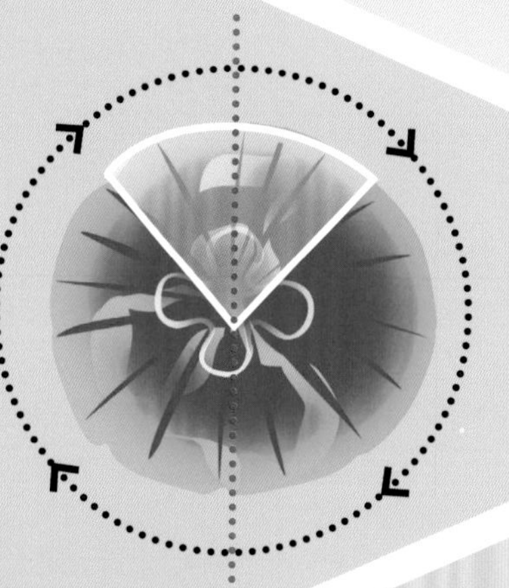

海の中でくるくる

回転対称性をもつ生きもののほとんどは、
海の中でくらしている。ヒトデやクラゲは、
どんな向きにでも腕をのばして
食べものを集められる。
口は体のちょうどまんなかに
あるんだ。

……鏡像対称性と回転対称性を
両方もつこともある。

自己相似

よく観察してみると、
全体と部分の形がおなじということがある。
そのことを自己相似という。

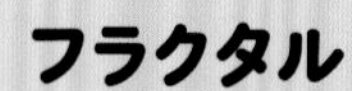

フラクタル

自己相似性をもつ図形のことを
フラクタルという。
ふだんは気づかなくても、
じつはフラクタルは
身のまわりにたくさんある。
おなじ形のくりかえしでできていて、
大きいものから
小さいものまであるんだよ。
じっさい、自然界のほとんどは
そうやってできているんだ。

木のみきから枝がのび、
そこからまた枝がのびる

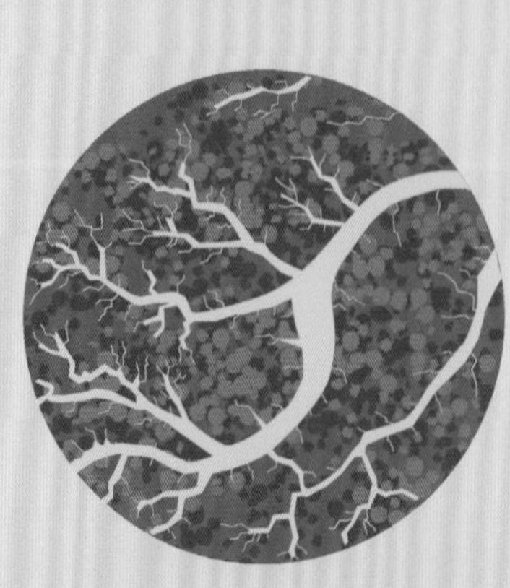

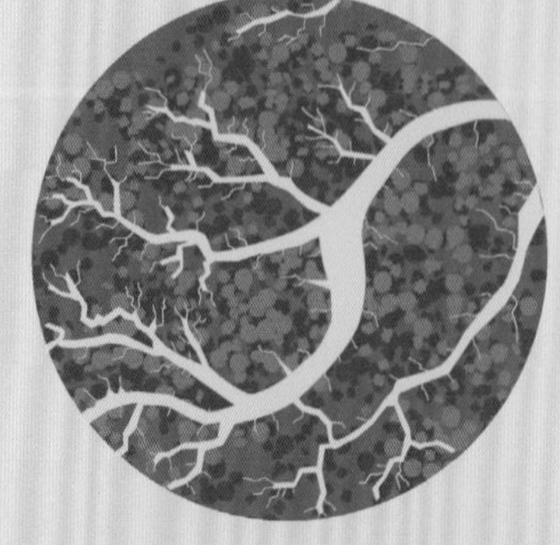

大きな川をさかのぼると小さな川、
さらにはもっと小さな流れに行きつく

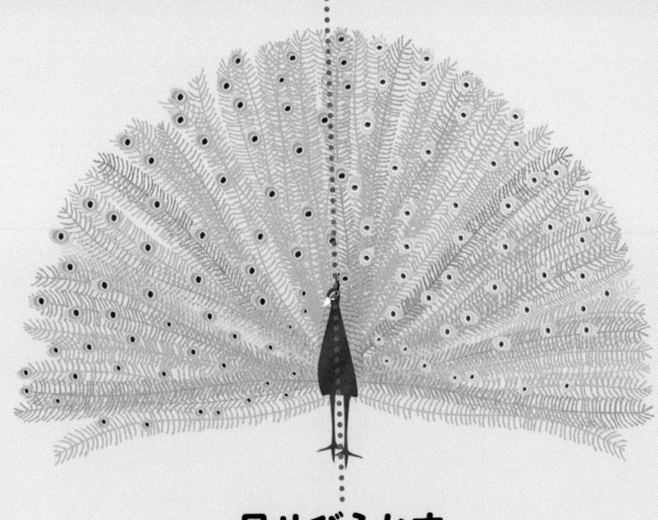

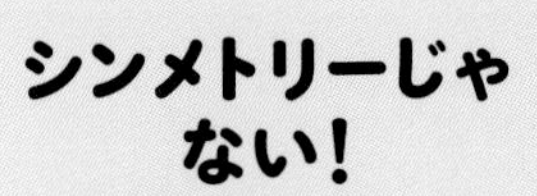

シンメトリーじゃない！

体がアシンメトリーな（非対称な）生きものは海綿動物だけ。

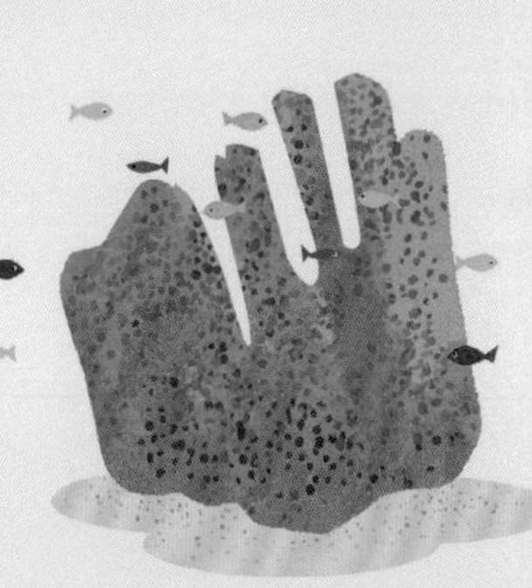

見せびらかす

シンメトリーに強くひかれる動物もいる。
ツバメやクジャクのばあい、尾のつりあいがとれているほど、
交尾の相手を見つけやすいんだ。

自由に動く

科学者は、
鏡像対称の体のほうが動物にとって
動きやすいのだと考えている。
鳥に1枚しか羽がなかったり、
左右の羽の大きさがちがったりしたら、
飛ぶのがむずかしくなってしまうよね。

並進対称性

並進対称性とは、どこかに移動しても
もとの形が変わらないこと。「けんけんぱ」をしたり、
歩道のタイルからタイルにジャンプしたことがないかな？
それは並進対称性を、自分の体でためしたようなものだよ。

ミツバチの六角形

なぜミツバチは、六角形と並進対称性を使って
巣を作るんだろう？
それがいちばんやりやすいからだよ。
おなじ形を何度も使いながら、
並進対称性を使って組みたてることで、
たくさんのハチがいっぺんに巣作りできる。
そして六角形はいちばんべんりな形だ。
ぴったり組みあわさるし、
蜜をためる場所もたくさんできるんだ。

魚やヘビのうろこは並進対称性をもっている。

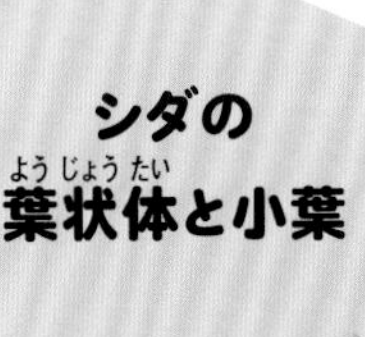

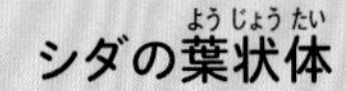

シダの葉状体と小葉

葉の全体

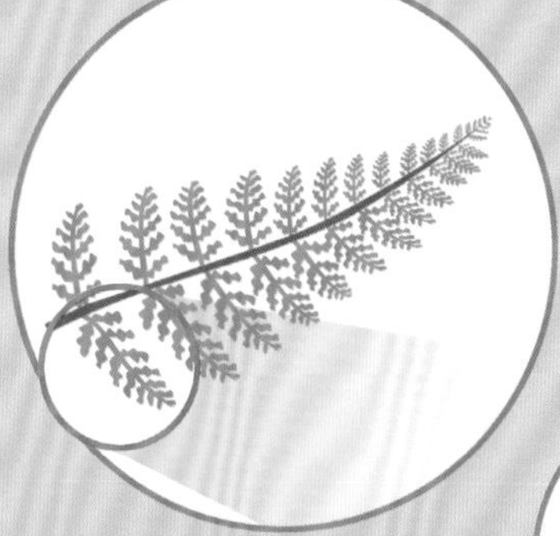

シダの葉状体

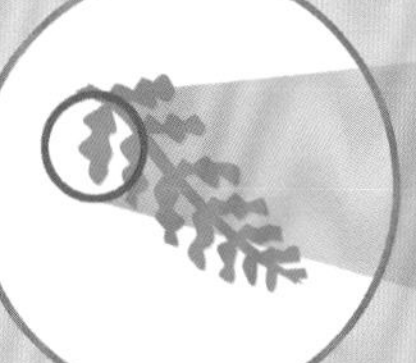

シダの葉

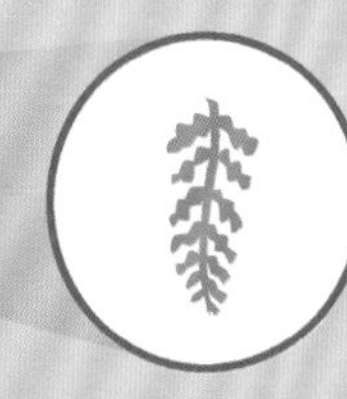

シダの小羽片

フラクタルはあちこちにある！

庭の数学

自然の中の数学を探そうと思ったら、
おうちの庭を見るだけでいい。
科学者が自然界を研究して、
よりくわしく知ろうとするとき、
数学はとてもたよりになるんだ。

豆の確率

庭に植えたマメ科の植物には、きれいな丸い豆がなるかな。それとも、デコボコな豆ができるかな。
なんだか、理科の授業みたい？ そのとおりだけど、これは数学の問題でもあるんだよ。
確率の知識を使えば、だいたい何が起きるか予想できる。

豆の形は遺伝子（生きものの成長の設計図）できまる。マメ科の植物は1本につき2組の遺伝子をもっていて、その組み合わせによって丸くなったり、いびつになったりするんだ。

少なくとも1つが丸い豆のできる遺伝子なら、豆は丸くなる

どちらもデコボコな豆のできる遺伝子なら、豆はデコボコになる

生物学では、デコボコな豆の遺伝子は「潜性（特徴があらわれにくい）」、
丸い豆の遺伝子は「顕性（特徴があらわれやすい）」とされている。

マメ科の植物は、
両親から遺伝子を半分ずつもらう。
両親がどちらも、丸い豆の遺伝子とデコボコな豆の遺伝子を1つずつもっていたとしよう。
デコボコな豆がなる確率は？
この問題を解くには、
数学的な表を使うとわかりやすい。

答え：デコボコな豆がなる確率は25%。

親1

○
（丸い豆の遺伝子）

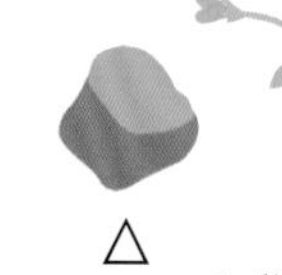

△
（デコボコな豆の遺伝子）

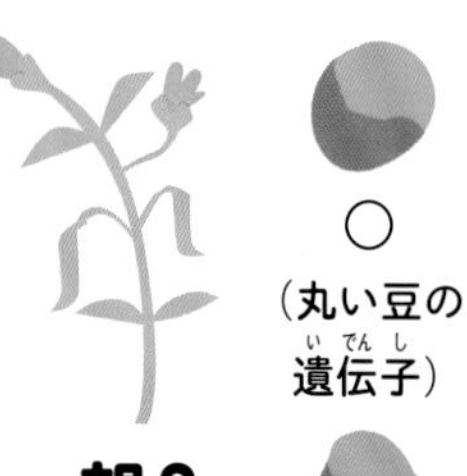

親2

○
（丸い豆の遺伝子）

△
（デコボコな豆の遺伝子）

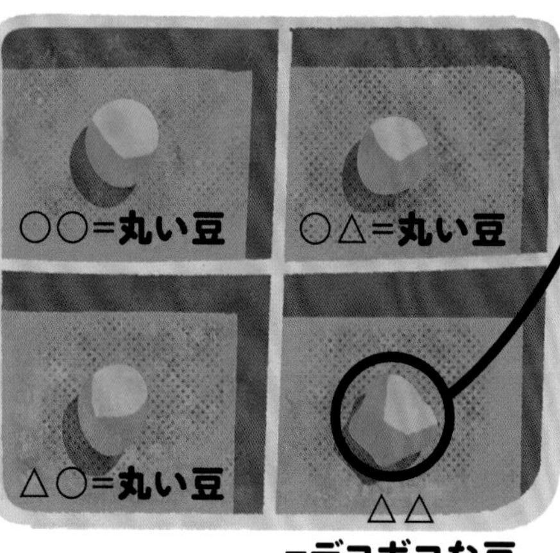

赤信号！

2000年代のはじめごろ、
ちょっぴりこわいうわさが流れた。
2060年までに、赤毛の人は
1人もいなくなってしまうんだって！
赤毛の遺伝子は潜性だから、
赤毛の赤ちゃんはどんどんへっていって、
そのうちいなくなるといわれたんだ。
でも、だいじょうぶ。確率の法則では、
赤毛の人が少しでもいるかぎり、
赤毛の赤ちゃんは生まれることになっている。

フィボナッチ数列を探せ！

松ぼっくり、ロマネスコ（カリフラワーみたいな野菜）、ひまわりは、似ているとは思えない？
よーく見てごらん。3つとも、おもしろい数のパターンがあるはず。フィボナッチ数列というんだ。

1, 1, 2, 3, 5, 8, 13, 21, 34, 55, 89, 144, 233 ...

1+1=2　前の2つの数字の和が、つぎの数字になる。

フィボナッチ数列は、思いもかけない場所にあらわれる。
松ぼっくりのぎざぎざ、ひまわりの種、
ロマネスコの小さい「花」の部分をかぞえてごらん。
かならずフィボナッチ数列が見つかる。

13 1 2 3 4 5 6 7 8 9 10 11 12

松ぼっくり
（らせんが13本）

ひまわり
（らせんが21本）

ハエがいっぱい

うわっ、ミバエがわいちゃった！
はじまりはたったの2匹。でも1日ごとに4倍になるんだ。
1週間後には何匹になっているだろう？

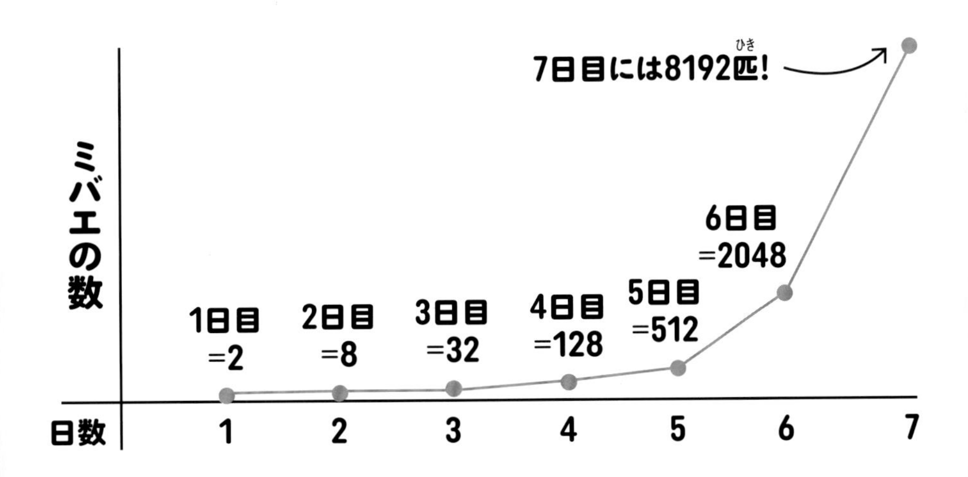

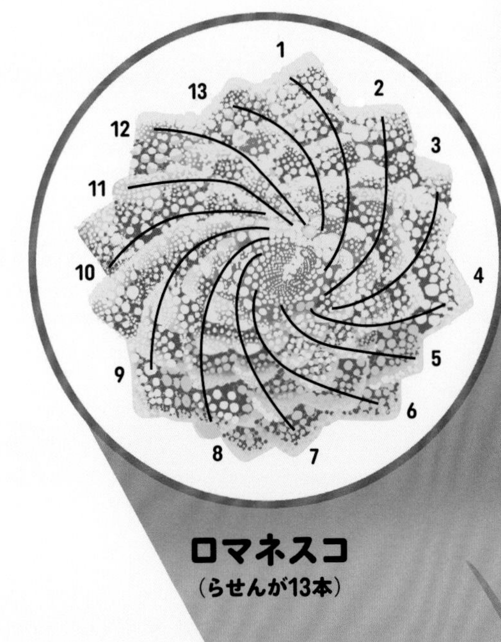

ロマネスコ
（らせんが13本）

このミバエみたいに、何かの数が倍々になっていくことを、
数学では「指数関数的にふえる」という。水と食べものがたっぷりあって、
敵がいなければ、すべての生きものは指数関数的にふえていく。

ほうっておいたら2週間後には1億3400万匹、
その1週間後には**2兆**匹のミバエが飛んでいるはず！

動物だって数がわかる

数がわかるのは人間だけじゃないよ。動物だって、わかるんだ。脳の大きさが針の先くらいしかない小さい昆虫でも！ 数をかぞえる能力は、野生の世界で生きのびようとするとき、とても役に立つんだ。

チンパンジー

1980年代の終わりごろ、チンパンジーはかんたんな計算ができることがわかった。
実験では、チョコレートの入ったお皿が2枚ずつ、合計4枚用意された。
それぞれのお皿のチョコレートの数は1～5個。
するとチンパンジーはチョコレートを足し算して、多いほうの2枚をとったんだ。
正しい答えを出す確率は約90％だった。

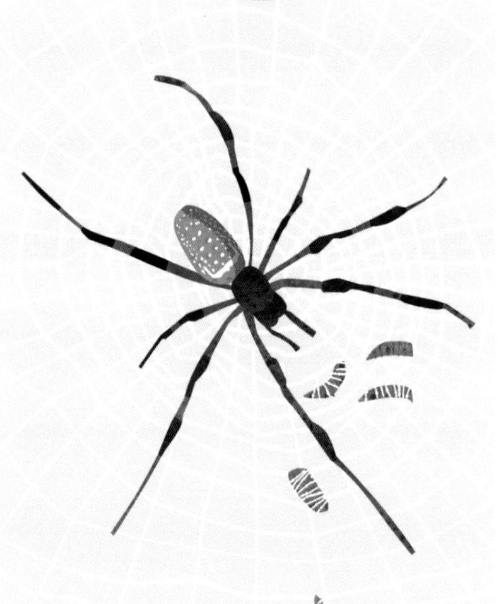

ヒメハヤ

ぱっと見ただけで、2つの魚の群れのちがいがわかるかな？
もしそうならきみはヒメハヤとおなじくらい、数をかぞえるのがじょうず。
左の群れの魚は23匹で、右の17匹の群れより多い。
ヒメハヤはそういったことをひとめで見分けていると、科学的に証明されている。
ヒメハヤは大きな群れで泳ごうとする。そのほうが、敵から身をまもりやすいからね。

クモ

コガネグモ科のクモは、
巣にひっかかった獲物の数を
ちゃんとかぞえている。
2014年、獲物の数匹をとってしまう
という実験がおこなわれた。
するとクモは、
消えた獲物を探しはじめた。
たくさんとればとるほど、
長い時間をかけて
探したんだ。

カラス

2015年、カラスを使った数の実験がおこなわれた。
まずカラスに、1～5個の点がかかれた図形のうつったスクリーンを見せる。
点の場所も、形もばらばら。
それからべつの図形のうつった
スクリーンを見せる。
点の数がおなじだったら、
スクリーンをつつけばごほうびがもらえる。
平均でカラスは75％ほど正解した。
点の数がかぞえられるんだね。

ネコ

ネコは数がかぞえられるの？ さて、どうかな。
お母さんネコはよく、まいごになった子ネコを探しにいく。
子ネコのにおいや鳴き声をあてにしているのかもしれない。
でもお母さんネコが
子ネコの数をおぼえていて、
1匹いなくなると
気がつくという説もある。

カエル

カエルは鳴き声のあいだにはさまれる「ゲコゲコ」の
数を聞いて、仲間のカエルを見つけている。
メスもオスの「ゲコゲコ」の数を聞いて、
正しい交尾の相手かどうかたしかめているんだ。

ハチ

迷路の入り口には図形がかかれている。
きまった色の図形（たとえば白）なら1つ足す、
ほかの色なら1つ引くのがルール。
右の絵では入り口に白い図形が2つかかれているから、
1つ足して図形が3つかかれた部屋を選ぶのが正解だ。
正しい計算ができれば、砂糖水のある部屋にたどりつく。
練習をかさねるうちに、80%ほど正解できるようになった。
ハチがこの能力をもっているのは、巣の外を飛ぶとき、
花の数を目印にしているからだと考えられている。

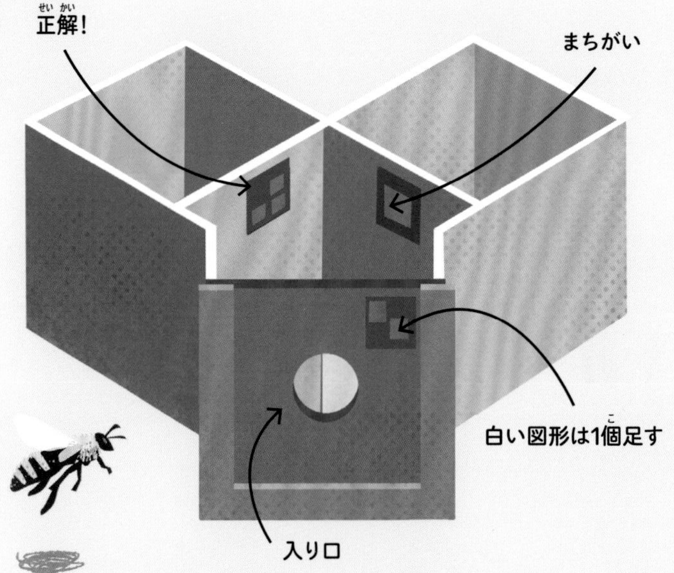

動物だけじゃないよ……

数をかぞえられる植物もある。
肉食のハエトリグサは昆虫がとまるのを待ち、
ぴしゃっと葉っぱをとじて、出られないようにしてしまう。
葉っぱをとじるのは上にとまった昆虫が
2回音を立ててから、
消化液を出すのは5回音を立ててから。
昆虫がとまったとかんちがいして、
むだなエネルギーを使わないためなんだ。

かしこい馬ハンス

1900年代のはじめごろ、ドイツのベルリンで
ハンスという名前のかしこい馬が世界中の注目をあつめた。
正しい答えの数だけひづめで地面をたたいて、
むずかしい計算にも正解してしまうといわれたんだ。
ところが問題を出した人はハンスが正解の数字に近づくと、
自分でも気がつかないうちに体を動かしたりしていた。
ハンスはそれをよく見ていて、
地面をたたくのをやめていたんだ。
算数はあまりできなかった
かもしれないけれど、
観察力はすぐれていたんだ。
やっぱり、かしこい
馬だったのかもしれないね。

芸術と数学

比率、遠近法、パターン……
芸術の世界には数学がたくさん！

数学を使って絵をかいてみよう！

もっと絵がじょうずになって、かんぺきな人間の顔をかきたい？ だったら、比率について勉強してごらん。比率とは部分どうしや、全体にたいする部分のバランスのことだ。

顔が大きくても小さくても、ここで紹介する数学のルールは、じょうずに顔の絵をかくときかならず役に立つ。

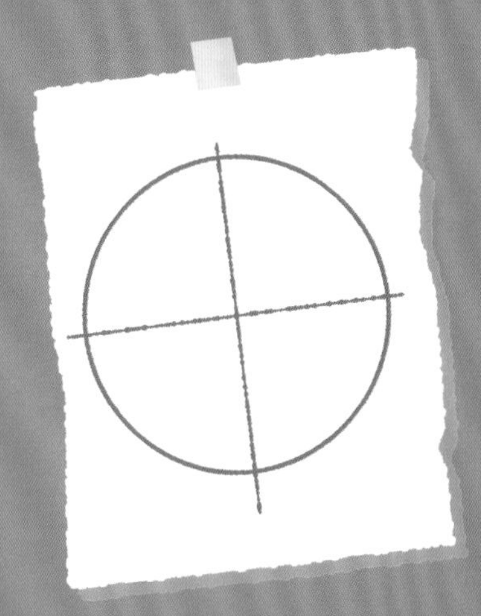

1. ゆがみのない円をかき、まんなかで直角にまじわる2本の線を引く

ここが生えぎわの線

まゆ毛はこの線の上で、すぐ下に目

正方形の縦の辺が顔のりんかく、耳は円周にふれるくらい

鼻の先がこの線の上

2. 角が円周につく正方形をかく

目と鼻の距離=鼻とあごの距離

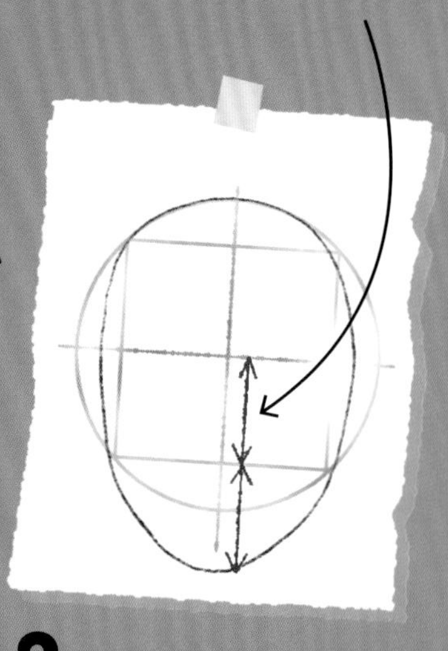

3. あごをかく

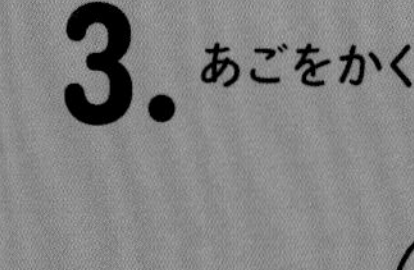

耳と耳の距離（頭の横はば）=目5つぶん

目と目のあいだはかならず目1つぶん

鼻の横はば=目1つぶん

口は鼻とあごの先のまんなかくらい。口の横はば=目2つぶん

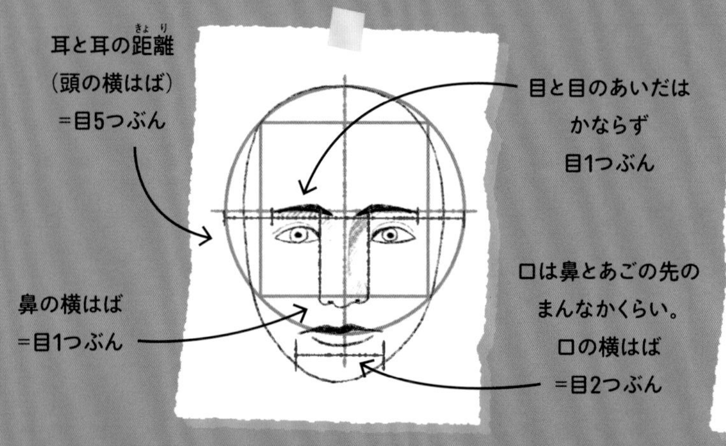

4. まゆ毛、目、鼻、口をかく

耳は円周につくくらいでっぱる

耳の長さ=目と鼻の距離

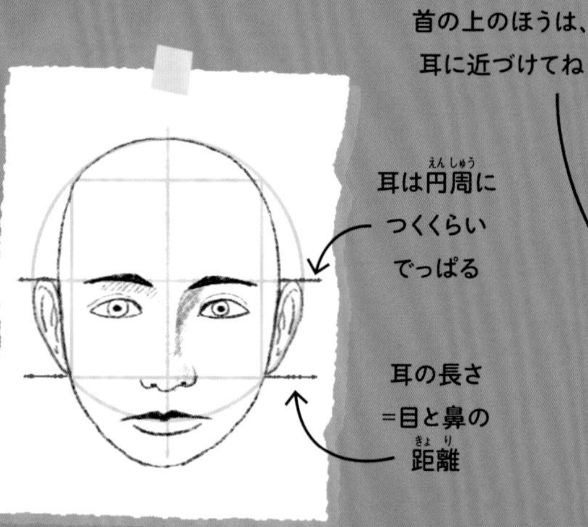

5. 耳をつけたす

髪の毛は頭蓋骨より厚めに

首の上のほうは、耳に近づけてね

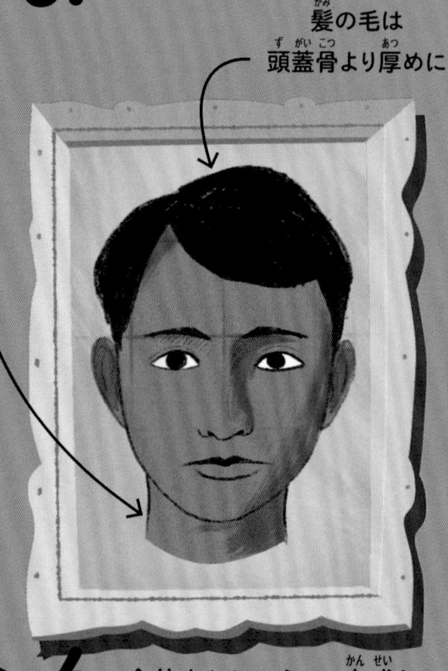

6. 全体をととのえて、完成！

歴史をふりかえる

芸術家と数学のかかわりは何千年にもなる。

紀元前400年

古代ギリシャの彫刻家ポリュクレイトスが、かんぺきな人間の彫刻を作るための数学的ルールをあみだす。比率やシンメトリーを使って、大理石や黄金、象牙からすばらしい彫刻を作ったんだ。

西暦1238年

スペインのアルハンブラ王宮の建設がスタート。イスラム教の芸術家たちはアルハンブラなどの大きなお城やモスクに、美しいテッセレーションをほどこした。

近くて、遠くて

右の絵を見てごらん。2人のうち、どちらがのっぽだと思う？

答えは「どちらでもない」。じつは2人とも、背の高さはおなじ。
けれど「遠近法」とよばれる数学的な方法でかくと、
左の人のほうが大きく見えるんだ。

遠近法を使うと、平面の絵に立体のような奥行きがあらわれる。
一点にむかって集まる線のおかげで、そう見えるんだ。
線が集まる一点を「消失点」という。

パターン

パターンをえがこうとするとき、数学はぜったいに欠かせない。
世界中の芸術家が、パターンを使ってきれいな模様をかいているんだ。

イスラム世界のテッセレーション

テッセレーションとは、ジグソーパズルのピースを
ならべるように空間をうめていき、パターンを生みだすこと。
なかでも美しいテッセレーションのいくつかは、
中世のイスラム教の芸術家たちの作品だ。

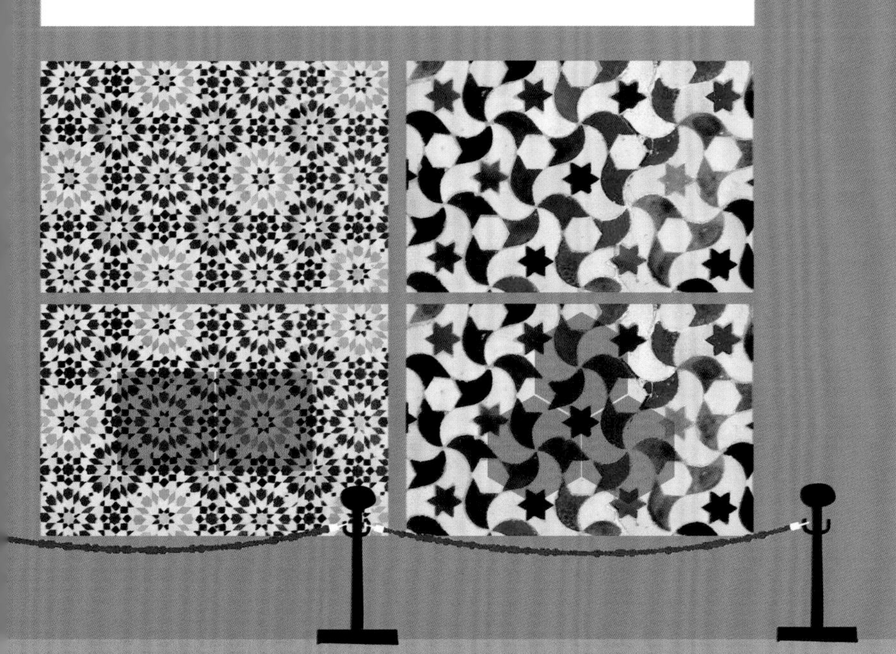

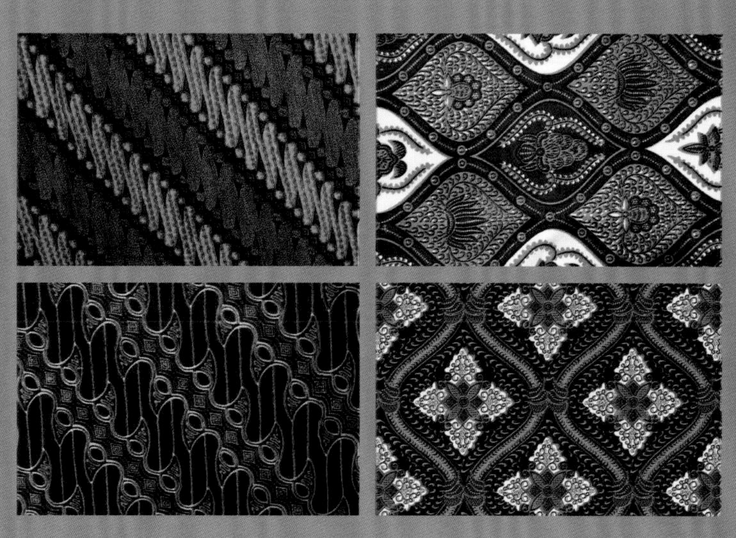

ジャワ島のバティック

インドネシアのジャワ島の芸術家は
バティック（ろうけつ染めの布）を作るとき、
パターンやシンメトリーを使う。

1400年代

イタリアの建築家フィリッポ・ブルネレスキが、
一点透視図法を発明する。

消失点

1907年

キュビズムとよばれる
芸術運動がおきる。
ピカソやジョルジュ・ブラックといった
キュビズムの芸術家たちは、
抽象的な形を使って世界のありさまをえがいた。

1930年代〜1960年代

エッシャーが
数学を使って
テッセレーションや
だまし絵をかく。

数学と建築

建築士はどうやって超高層ビルを設計しているのかな？
建物がたおれないよう、エンジニアはどんなことに気をつけているの？
もとになっているのは、やっぱり数学なんだ。

ずっしり重い

柱や梁、壁にはどれくらいの重さがかかるだろうか？建物をつくるとき、それを計算することがエンジニアにとっていちばん大切。その答えによって、建物のそれぞれの部分がどれくらいの重さにたえなくてはいけないかわかる。

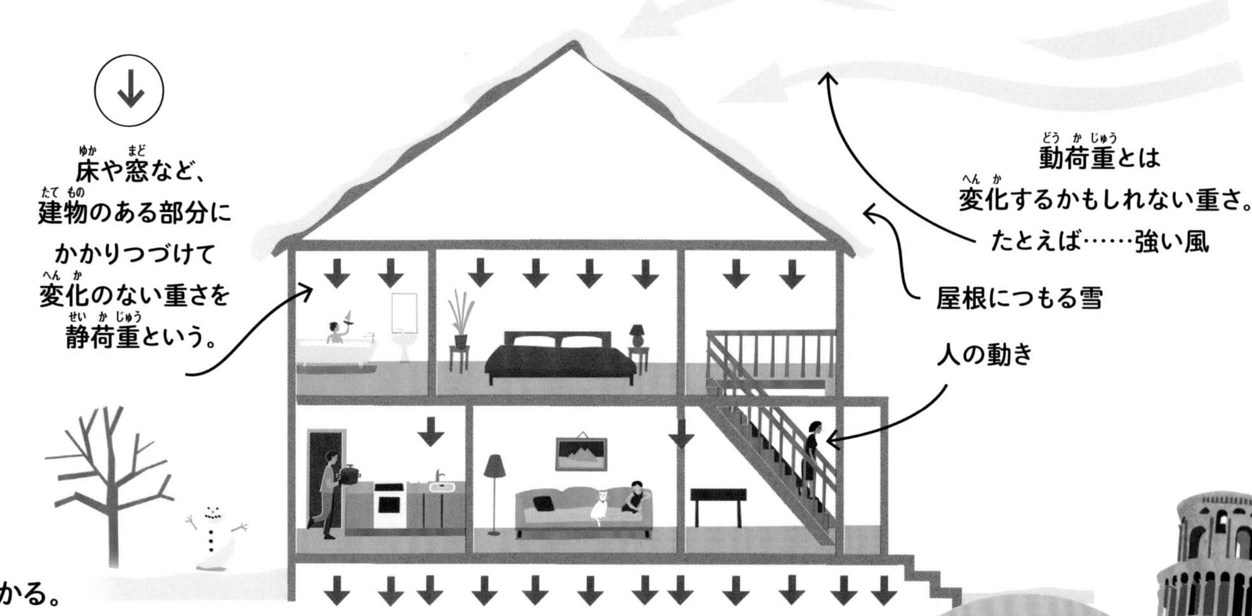

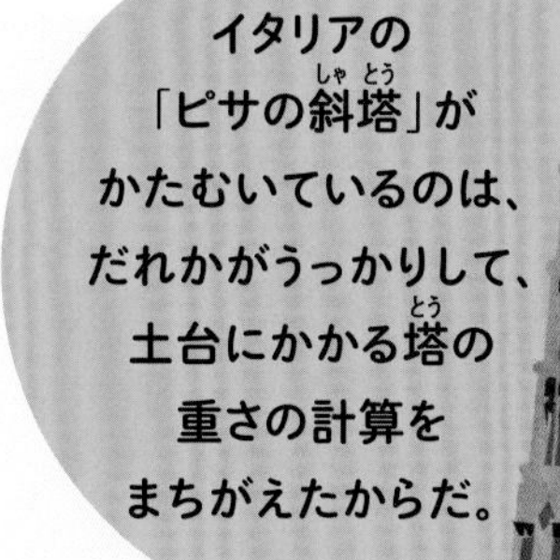

あんな形、こんな形

建築に使う形は、長方形や正方形だけじゃない。
世界のよく知られた建物には、おもしろい数学的な形を使っているものがあるんだよ。

球から生まれた帆

オーストラリアのシドニー・オペラハウスは、球体から切りだしたさまざまな大きさの曲面でできている。思いえがいていたデザインにいちばん合うのは球体だと、エンジニアたちが気づくのに4年かかった。

魔法のアーチ

鎖の両方のはしをつまんでたらすとできるU字型を「カテナリー曲線」という。
上下ひっくりかえすとカテナリー・アーチになる。
ささえなしに立っていられるアーチは、この形だけなんだ。
有名なものに、アメリカのミズーリ州セント・ルイスのゲートウェイ・アーチがある。

どっしり、それともほっそり？

建築の世界には
「塔状比」という言葉がある。
建物のはばに対する高さの比のことだ。
塔状比が大きいほど
ビルは細長くなって、
風にたわみやすくなる。

ドバイのブルジュ・ハリファ（世界一の高層ビル）

1:9

ニューヨークのスタインウェイ・タワー

1:23

世界でも指おりの
細長いビルで、
高さが横はばの
23倍もある。
いちばん上の階に
住む人たちが、
風の強い日に
船よいして
しまわないよう、
エンジニアたちは
設計するとき
とても気をつかった。

大昔の建設者たち

人類のさいしょの数学者は、建設をする人たちだった。
今、あたりまえのように使われている数学の多くは、
大きくて重い石を運ばなくてはいけない人たちが考えたんだ。
安全でがんじょうな建物をつくる方法も、
その人たちが考えた。

古代エジプトの建設者たちは
幾何学を使って、
ギザのピラミッドのはばと高さ、
ななめの角度を計算した。

マヤ文明の建設者たちは数学と天文学の知識を使って、
太陽がうまく当たるように建物をつくった。
メキシコのチチェン・イッツァにある「ククルカンの神殿」には
1年に2度、きまった角度で太陽が当たる。
すると神殿にそって影が長くのび、
ヘビが階段をはいおりて
くるように見えるんだ。

エジプトのギザの大ピラミッド

2:1

異次元の世界

人間がくらしている世界は3次元。
じゃあ、次元がちがう世界ってどんなところなのかな？ 想像してみよう。

3次元の世界

人間のいる世界は3次元だ。
3つの方向を使っているからね。

1. 右と左
2. 上と下
3. 前とうしろ

これで3つの次元になる。

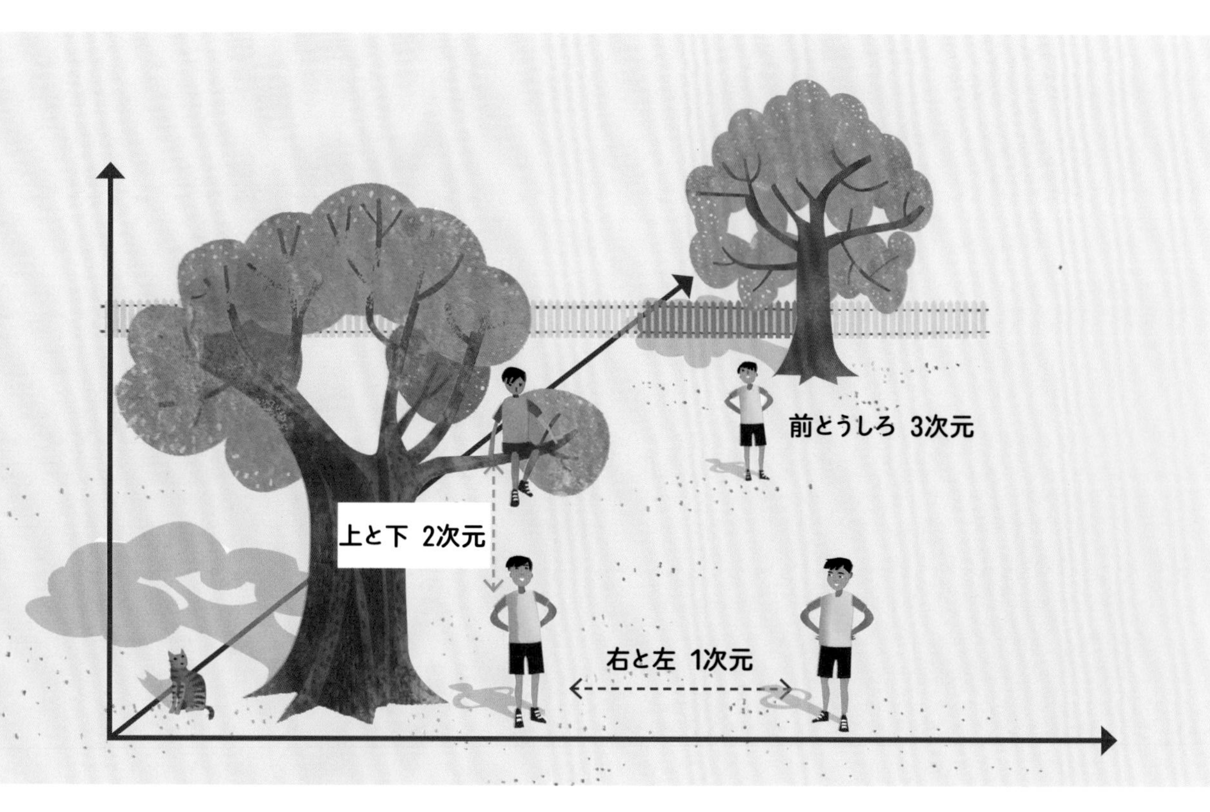

2次元の世界

どんな場所なんだろう？

2次元の世界には右と左、
上と下の2つの方向しかない。
前とうしろはないんだ。
だから、何もかもすっかり平べったいはず。
2次元の中でくらすのは絵の中、
あるいはこの本のページの中で
すごしているようなものだ。

この絵にかかれた、
2次元の女の子になってみてごらん。
この木のはんたいがわに行くには、
木を**のぼっておりる**しかない。
前とうしろがないから、
まわりこむことができないんだ。

上と下

左と右

何が見えるだろう？

このページから飛びだして3次元の世界に
行かないかぎり、木は見えない。
見えるのは茶色い線（木のみき）と
緑色の線（葉っぱ）だけ。
線のむこうがわにあるものは、
ぜんぜん見えないんだ。

4次元の世界

では、4次元でくらしたらどうなるのかな。その世界には4つの方向がある。

上と下、右と左、前とうしろ、そしてもう1方向。4次元の世界を見ることはできない。だから数学者のように、想像力を使おう。

想像してごらん。4次元の世界の生きものには、人間の3次元の世界はどんなふうに見えるんだろう。
2次元の世界についても思いだしてみると、わかりやすい。

でも3次元の世界
(みんながいるところ)
に飛びこんだら、
2次元の世界を
まるごと
上から見られる。

4次元の世界に飛びこんだら、その問題は解決。
4次元にいる生きものはうしろ、何かの下や中まで、
3次元の世界がそっくり見えるんだ。

4次元の世界では
木のうしろのネコだけじゃなく、
ネコのなかみまで見える。

2次元

2次元の世界では
線しか見えない。
線のむこうにあるものは、
ぜんぶかくれているんだ。

3次元

3次元の世界では、2次元よりもっといろいろなものが見えるけれど、
まだぜんぶ見えるわけじゃない。
何かのうしろや中にかくれていて、見えないものがあるからね。
(上の絵の中で、木のうしろにいるネコみたいに)。

?

頭がくらくらしてきた? だいじょうぶだよ! 4次元を想像するのは、とてもむずかしいんだ。
2次元の生きものも、3次元の世界がうまく想像できないはず。

4次元の形ってどんなだろう?

まずは点1つから。
0次元=点

点を1次元にそって動かしてみよう。
線が生まれた。
1次元=線

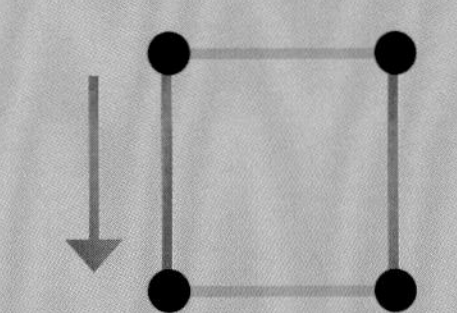

線を2次元にそって動かしてみよう。
四角形が生まれた。
2次元=四角形

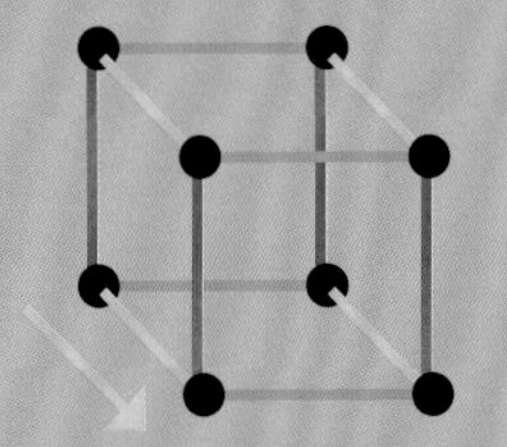

四角形を3次元にそって
動かしてみよう。
立方体が生まれた。
3次元=立方体

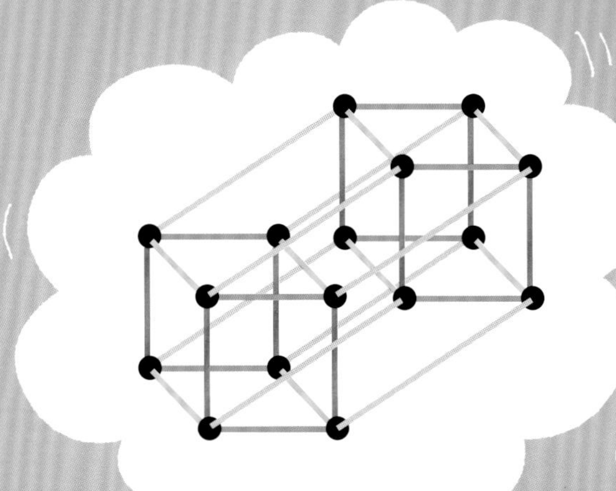

立方体を4次元にそって動かしてみよう。
(見えないけれど想像はできるはず)。
テッセラクト(4次元超立方体)が生まれた!

時間

時間は4次元だという
意見もある。時間も次元なんだ。
人間は時間をさかのぼることはできない
けれど、宇宙のどこかにはそれができる
生きものがいるのかもしれない。
ただし数学においては、4次元とは
4つの空間の次元がある
世界のことだ。

どこもかしこも分数だらけ！

分数、パーセント、小数点は仲間どうし。
全体にたいする部分の割合を、べつべつの方法であらわしているだけなんだ。

安いよ、お得だよ！

「3000円で15%オフ！」「2つ買ったら10%オフ！」買いものに出かけたら、
パーセントがたくさん見つかるはず。でも、気をつけて！
お店はパーセントをじょうずに使って、
お客さんにいつのまにかたくさんお金を使わせていることもあるからね。

%
パーセント（%）とは、
全体を100としたときの
割合のこと。
たとえば……
27% は $\frac{27}{100}$

このアイスクリームのお店では、
たくさんお金を使うほど割り引きが大きくなるんだって。
20%の割り引きのほうがお得にみえるけれど、ほんとかな？
どうしたらわかるだろうか。

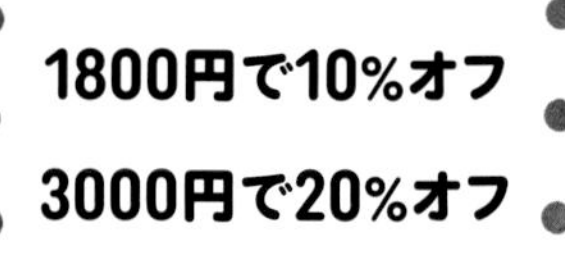

アイスクリーム
サンデー
3個=1800円
ぜんぶで
使ったお金
=1620円

アイスクリームサンデー3個を1800円で買ったら、割り引きは10%。
つまり180円安くなる。割り引きされた値段は1620円だ。

アイスクリーム
サンデー
3個と
ミルクシェイク
3杯
=3000円
ぜんぶで
使ったお金
=2400円

だけど、もっと割り引きが大きくなると
お店がすすめているよ。
じゃあアイスクリームサンデー3個と
ミルクシェイク3杯を買って、3000円はらおう。
これで20%の割り引きがきく。

つまりお得になったのは600円で、
ぜんぶで使ったお金は2400円。
だけど割り引きがたくさんきいたかわりに、
サンデー3個だけをちょっぴりの割り引きで
買ったときより780円多くはらうことになった。
ずいぶんはらったね！

さて、大きな割り引きは
お得だったのかな？
お店にとってはそうだった。
たくさんお金もうけができたからね。
でも、お客さんにとってはどう
だっただろう。割り引きがなくても
よぶんなミルクシェイクを買ったかな。
それとも、
お店にうまく買わされたかな？

かなたの分数

分数はどこにでもある。宇宙にだってあるんだ！

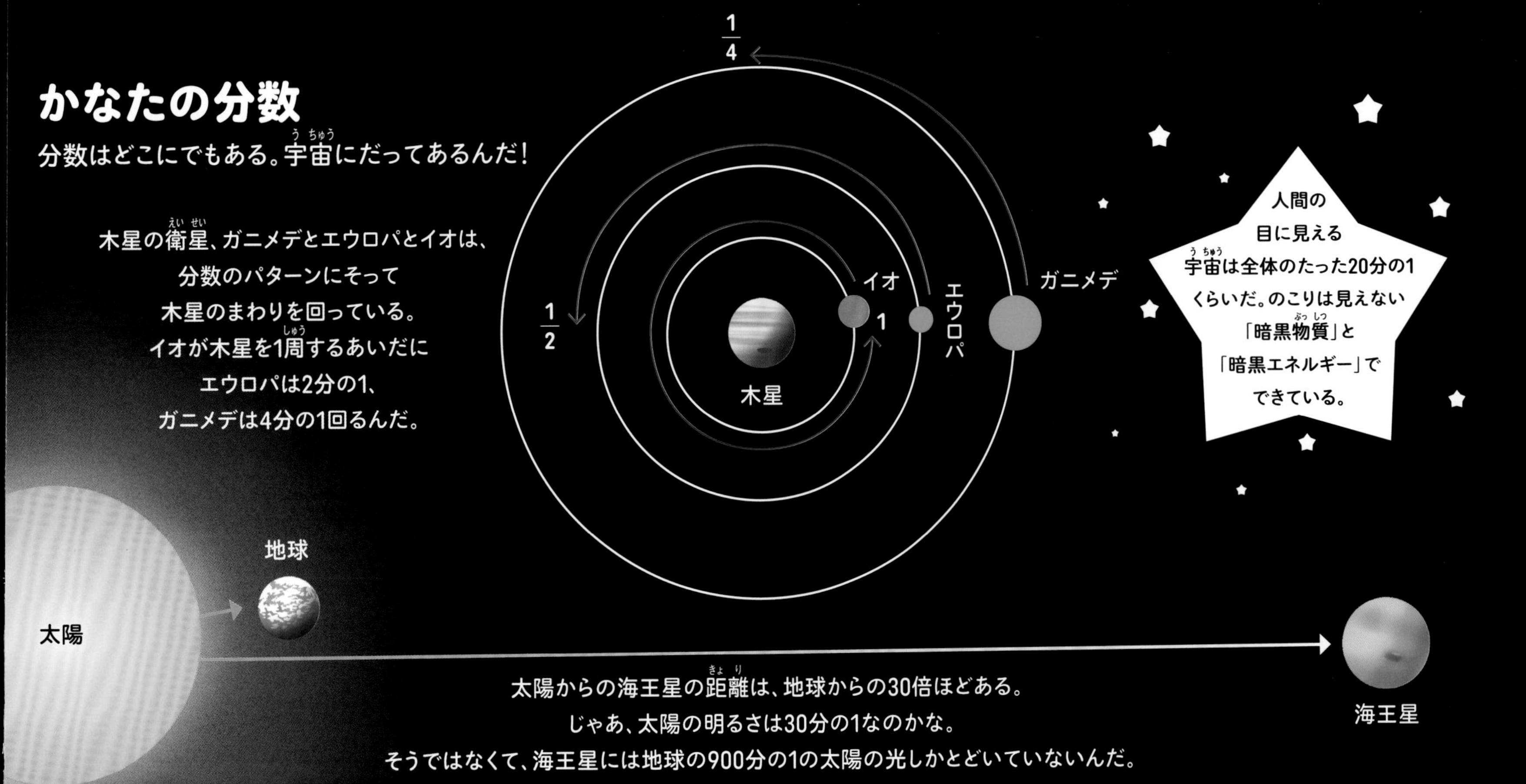

パタパタ・パターン！

十進法はとくべつな種類の分数で、
分母は1、10、100、1000……と、いつも
10の累乗（おなじ数をかけあわせたもの）なんだ。
この分数は数を10分の1、100分の1、
1000分の1に分けてあらわしているから、
小数として書くこともできる。

$\frac{1}{10}$ → 0.1　10分の1

$\frac{1}{100}$ → 0.01　100分の1

$\frac{1}{1000}$ → 0.001　1000分の1

分数を小数であらわすと、ときどき美しいパターンに出会える。

9の分数

分母が9の分数を小数にすると、1から8までおなじ数字がずらりとならぶ。

$\frac{1}{9}$ = 0.1111…，$\frac{2}{9}$ = 0.2222…，　そのままつづいて　$\frac{8}{9}$ = 0.8888…

11の分数

分母が11の分数を小数にすると、2組の数字のくりかえしになる。

$\frac{1}{11}$ = 0.090909…　$\frac{10}{11}$ = 0.909090…

$\frac{2}{11}$ = 0.181818…　$\frac{9}{11}$ = 0.818181…

$\frac{3}{11}$ = 0.272727…　$\frac{8}{11}$ = 0.727272…

$\frac{4}{11}$ = 0.363636…　$\frac{7}{11}$ = 0.636363…

$\frac{5}{11}$ = 0.454545…　$\frac{6}{11}$ = 0.545454…

びっくり小数

分数を小数にすると、こんなおどろきのパターンがあらわれたりする。

$\frac{152}{333}$ = 0.456456456456…

（4、5、6がずっとつづく！）

$\frac{1}{81}$ = 0.012345679012345679…

（8をのぞく数字のならびがずっとつづく）

$\frac{1}{998001}$ = 0.000001002003004… 995996997999000001

（998をのぞく3桁の数字のならびがずっとつづく）

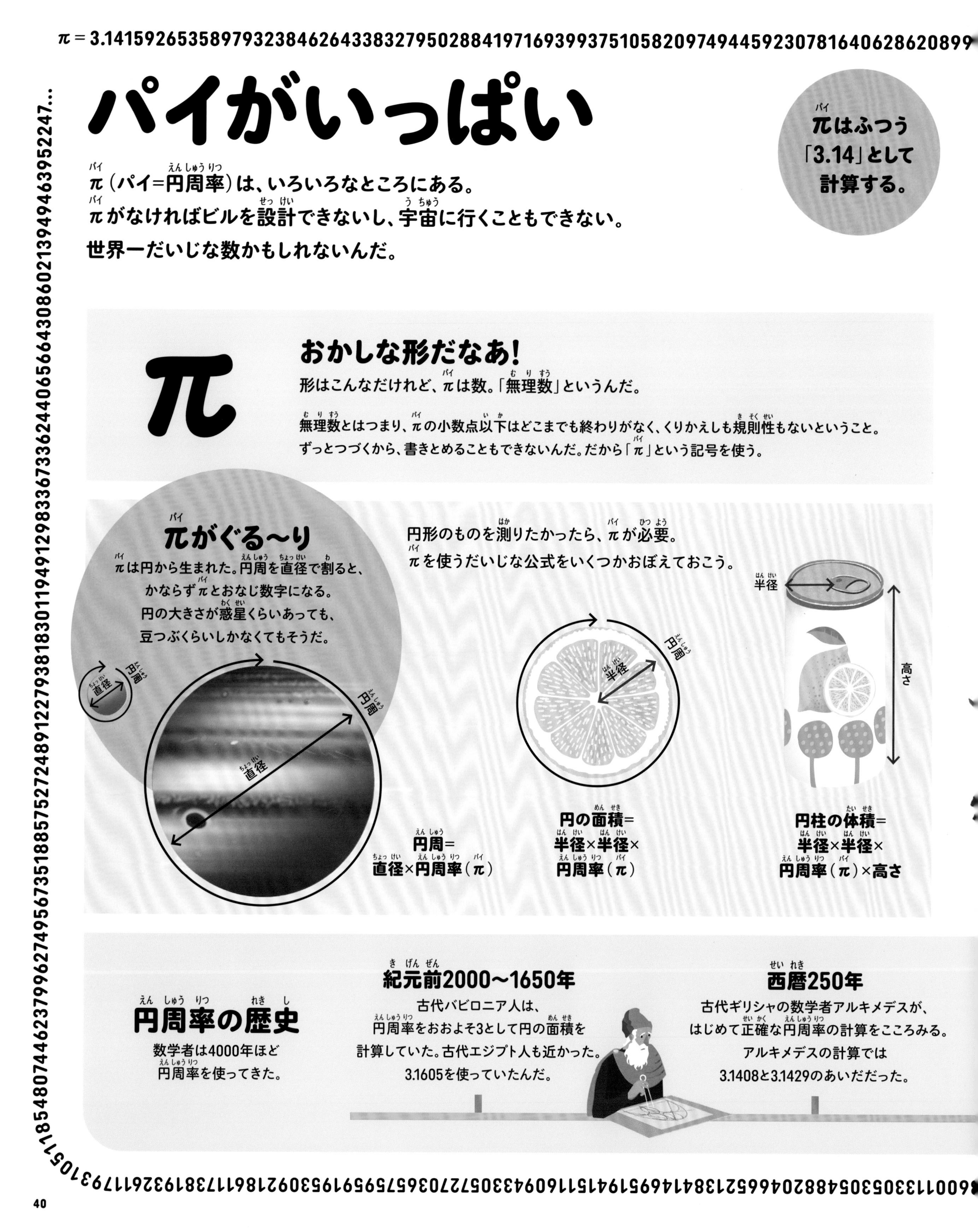

π＝3.1415926535897932384626433832795028841971693993751058209749445923078164062862089

パイがいっぱい

π（パイ＝円周率）は、いろいろなところにある。
πがなければビルを設計できないし、宇宙に行くこともできない。
世界一だいじな数かもしれないんだ。

πはふつう「3.14」として計算する。

π

おかしな形だなあ！

形はこんなだけれど、πは数。「無理数」というんだ。

無理数とはつまり、πの小数点以下はどこまでも終わりがなく、くりかえしも規則性もないということ。
ずっとつづくから、書きとめることもできないんだ。だから「π」という記号を使う。

πがぐる〜り

πは円から生まれた。円周を直径で割ると、
かならずπとおなじ数字になる。
円の大きさが惑星くらいあっても、
豆つぶくらいしかなくてもそうだ。

円形のものを測りたかったら、πが必要。
πを使うだいじな公式をいくつかおぼえておこう。

円周＝
直径×円周率（π）

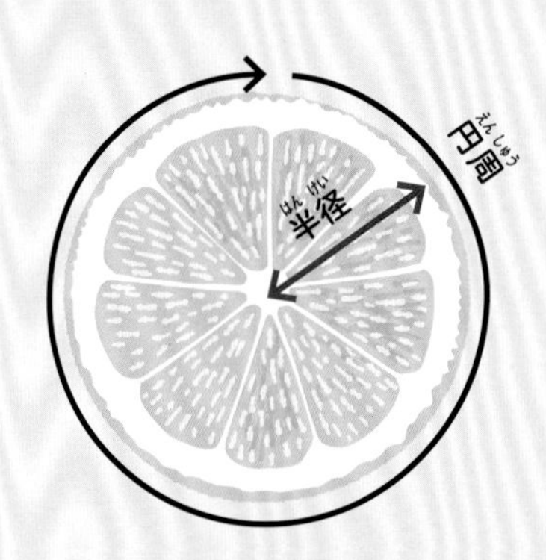

円の面積＝
半径×半径×
円周率（π）

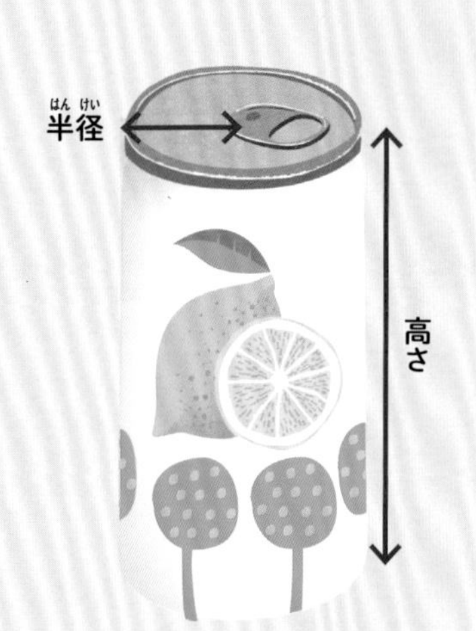

円柱の体積＝
半径×半径×
円周率（π）×高さ

円周率の歴史

数学者は4000年ほど
円周率を使ってきた。

紀元前2000〜1650年

古代バビロニア人は、
円周率をおおよそ3として円の面積を
計算していた。古代エジプト人も近かった。
3.1605を使っていたんだ。

西暦250年

古代ギリシャの数学者アルキメデスが、
はじめて正確な円周率の計算をこころみる。
アルキメデスの計算では
3.1408と3.1429のあいだだった。

6001133053054882046652138414695194151160943305727036575959195309218611738193261179310511854807446237996274956735188575272489122793818301194912983367336244065664308602139494639522 47…

48253421170679821480865132823066470938446095505822317253594081284811174502841027019385211055596446229489549303819644288109756659334461284756482337867831652712019091456485669234603486104543266482133936072602491412737245870066063155881748815209209628292540917153643678

パイひと切れの角度は？

π（パイ）で角度を測（はか）れるのを知っていたかな？ 角度は「度」で測（はか）るのになれているかもしれないけれど、数学者の多くはπ（パイ）を使って角度をあらわす。そのとき使う単位（たんい）を「ラジアン」という。360度は2π（パイ）ラジアンなんだ。

ラジアン

ラジアン	度
0π または 2π	0または360°
$\frac{\pi}{4}$	45°
$\frac{\pi}{2}$	90°
$\frac{3}{4}\pi$	135°
π	180°
$\frac{4}{3}\pi$	240°
$\frac{3}{2}\pi$	270°
$\frac{7}{4}\pi$	315°

π（パイ）を何桁（けた）まで暗記できるかな？
2016年、
インドのラジビア・ミーナという人が
7万桁（けた）をそらで言ってみせた。
10時間以上（いじょう）かかったんだよ。

π（パイ）は数兆桁（ちょうけた）までわかっているけれど、
数学者や科学者が、
いつもぜんぶ使って計算しているわけではない。
じつはNASAの科学者は
たった16桁（けた）で宇宙船（うちゅう）を軌道（きどう）にのせたり、
火星探査車（たんさ）を動かしたりする
重要（じゅうよう）な計算をしているんだ。

3月14日は「円周率（えんしゅうりつ）の日」。
もちろん、
π（パイ）のはじめの3桁（けた）（3.14）に
ちなんでいる。

450〜500年
古代の中国の数学者、祖沖之（そちゅうし）が円周率（えんしゅうりつ）を7桁（けた）まで計算する。答えは3.141592。その記録（きろく）は約（やく）800年間やぶられなかった。

1706年
ウェールズの数学者ウィリアム・ジョーンズが「π（パイ）」という記号を使いはじめる。

1873年
イギリスの数学者ウィリアム・シャンクスが、計算機（き）を使わずにπ（パイ）を527桁（けた）まで計算する。

2019年
岩尾（いわお）エマはるかと仲間（なかま）の技術者（ぎじゅつ）たちが、π（パイ）を31,415,926,535,897桁（けた）まで計算した。記録（きろく）は今もぬりかえられている。

ふしぎな形がたくさん

丸くないのに転がるもの。辺が1つ、面が1つしかない紙。どこへ行ったら、そんなふしぎな形が見つかるかな？

数学的な形

実験してみよう。

1. まず、短冊のような細長い紙を用意しよう。面は表と裏の2つあるよね。

2. 紙を1回ねじり、はしをセロハンテープでとめる。

3. さあ、面はいくつあるだろう。えんぴつで紙のまんなかに線を引いたら、1つしかないのがわかるはず。もうかたほうの面はどこへいってしまったのかな。このふしぎな形を「メビウスの輪」とよぶ。

4. おまけの実験。さっき引いた線にそって、はさみで切ってごらん。あれっ、面が2つにもどった！

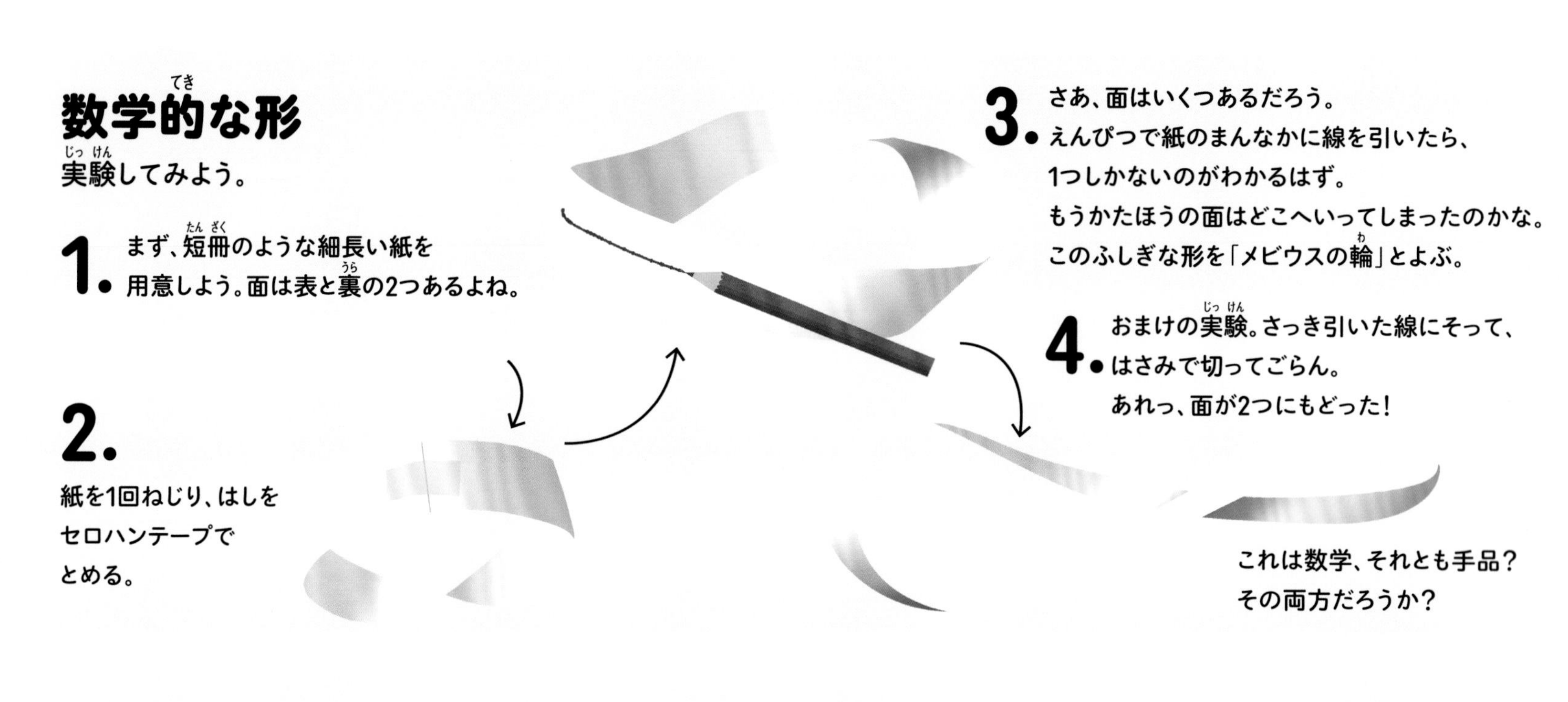

これは数学、それとも手品？
その両方だろうか？

ばけていく形

ドーナツとコーヒーカップが、じつはおなじ形だと知っていた？ ものの形がきまっている世界では、そんなことはありえない。でも「ぐにゃぐにゃ」したトポロジーの世界では、ありえるんだよ。

あたらしい穴をあけないで、のばしたりつぶしたりしておなじ形にできたら、トポロジーではその2つのものはおなじ形ということになる。

ねんどで作ったドーナツを想像してみよう。
穴をあけたり、ちぎったりしないで、
コーヒーカップに作りかえることができるよね。
こんなふうに！

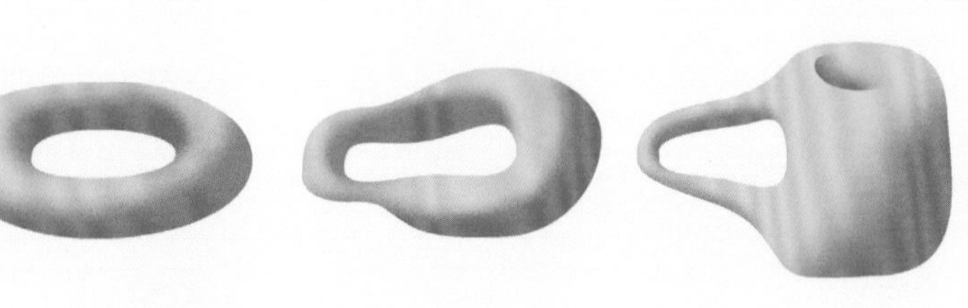

そう、1つしか穴がないものは、コーヒーカップやドーナツの仲間なんだ。仲間どうしの例をもうちょっとあげてみよう。

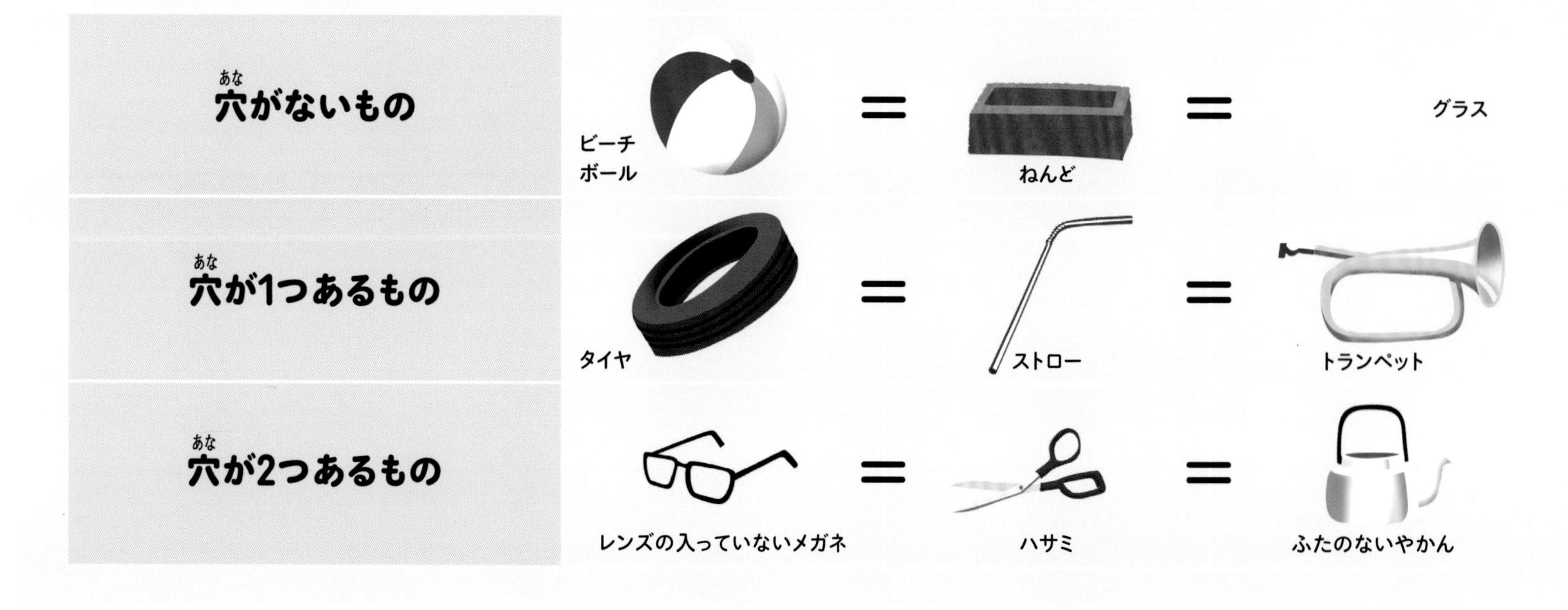

いろいろな楕円形

「楕円形」とよばれる形をさすために、ふだんの生活では「卵型」や「小判型」という言いかたをしたりするよね。でも数学の世界では、もう少し細かい名前を使うんだよ。

長円

長円とは、円錐をななめに切ったとき生まれる形のこと。
長円が「円錐曲線」ともよばれるのは、そういう理由だ。
地球は太陽のまわりを、長円をえがいて回っている。

モスの卵

名前はそのまんま、「卵」そっくりだから。
三角形のまわりに、4つの円を重なりあうようにかくことで生まれる形なんだ。

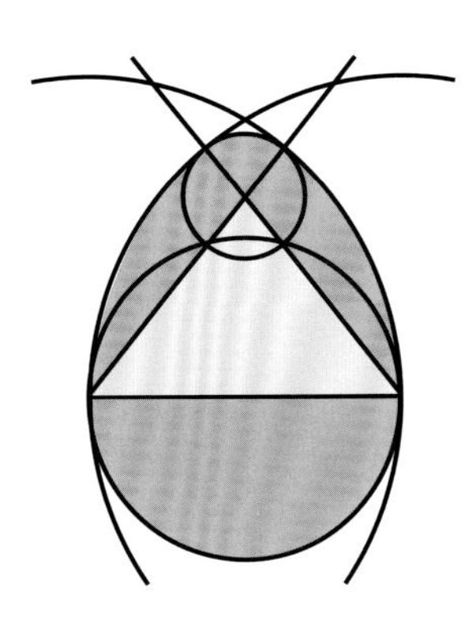

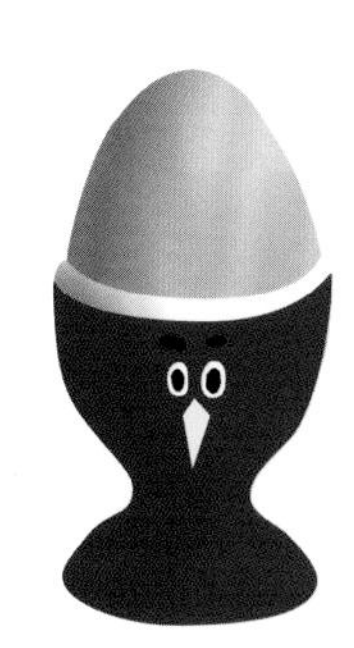

ディスコレクタングル

ディスコレクタングルは、長方形のはしに半円を2つ足して作る。
「スタジアム」とよばれることもあるんだ。

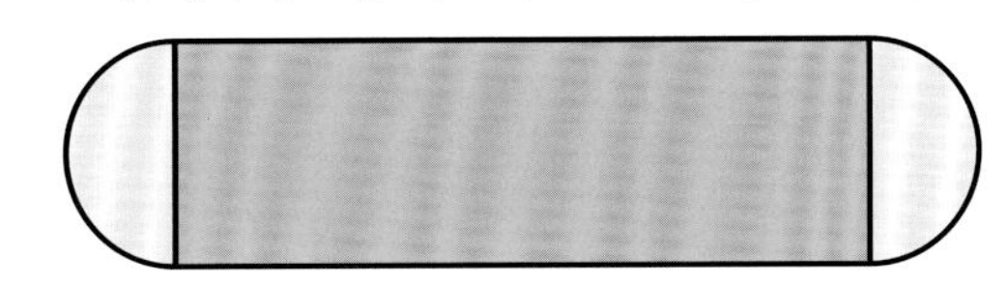

1つの形、それとも2つ？

スフェリコンは、球と円錐が合体した形。
だから名前に「スフィア」（球）と「コーン」（円錐）が入っているんだよ。どうやって作ると思う？

1. 2つの円錐の土台どうしをくっつける

2. できあがった形を縦半分に切る

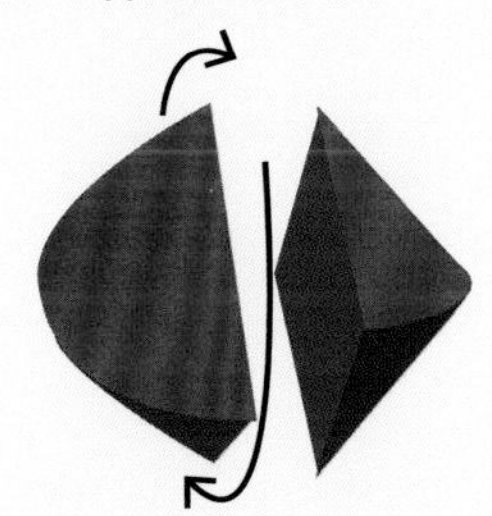

3. 少しだけねじってもう1度くっつける

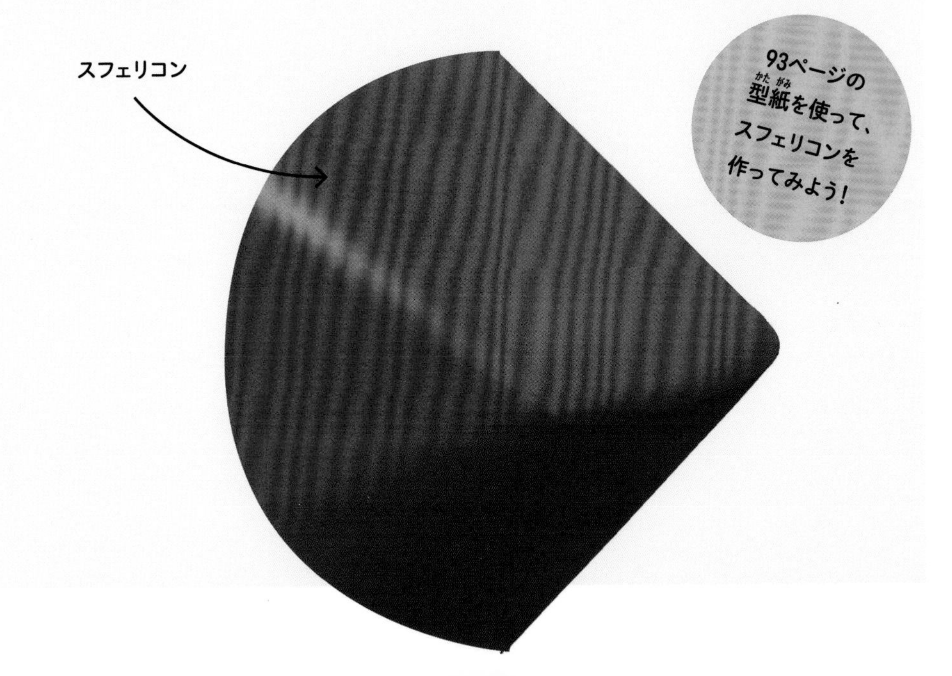

スキュートイド多面体あらわる!

もう、形はぜんぶ発見されていると思う？

そうじゃないんだよ。2018年、スキュートイド多面体とよばれる形が見つかった。自然界のあらゆるところにある形で、人間の体の中にだってある。
生きものの体を作りあげている小さな細胞が集まると、スキュートイド多面体になることがあるんだ。せまい場所をむだなく使うには、この形がいちばんいいんだよ。

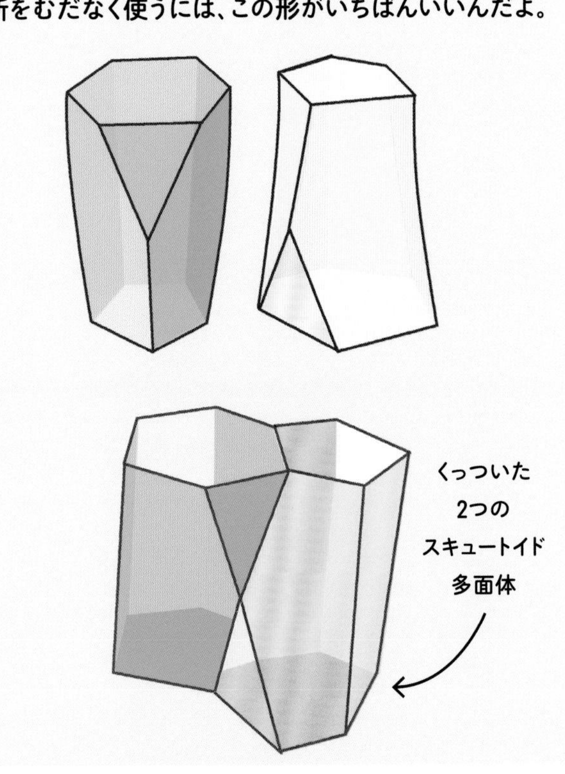

はかるって、むずかしい

1kgの重さって、どんなふうにきまっているんだろう？ 「フィート」を使う国と、「メートル」を使う国があるのはなぜ？ こんな基本的なことでも、「はかる」ってじつはとてもややこしいんだ。世界に数学がなかったら、みんなとほうにくれていたはず。

手足をもとに

大昔、ものの長さを測るときは人間の体を使っていた。でも体の大きさは人によってちがうから、長さの定義もばらばらだったんだ。

だれの足？

大昔のフィートは、長さがまちまちだった。もとになった足の大きさが、それぞれちがっていたからだ。

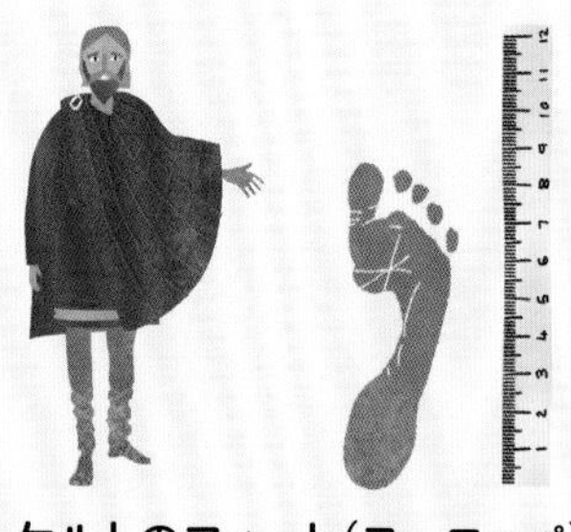

ケルトのフィート（ヨーロッパ）＝約23cm

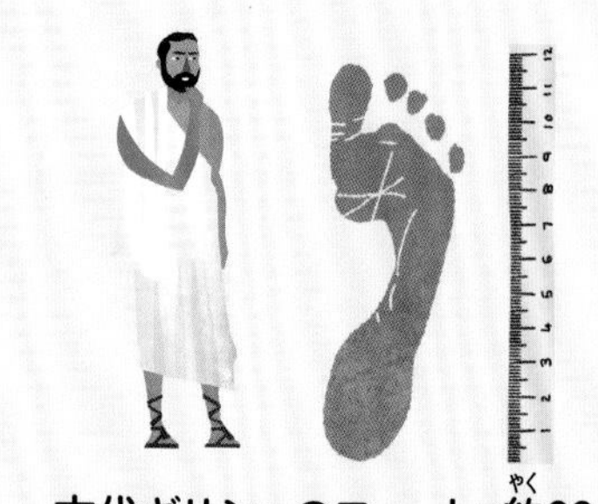

古代ギリシャのフィート＝約30cm（今、使われているフィートとだいたいおなじ）

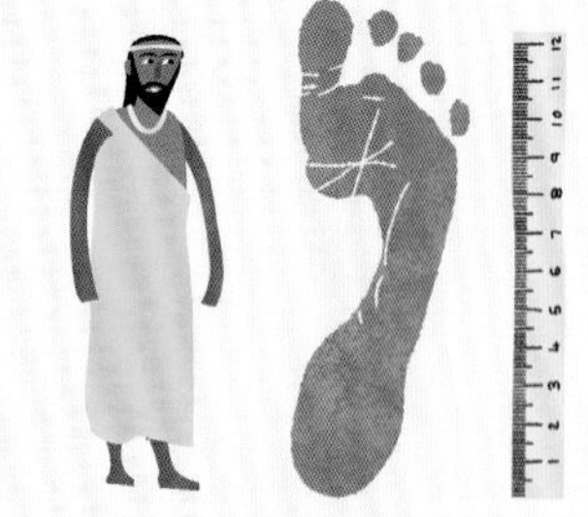

ハラッパーのフィート（アジア）＝約33cm

古代エジプトの単位

28ディジット＝1キュービット

自分の体で調べてごらん。ひじから指先までの長さは、指のはば28本分になるかな？

古代エジプト人は1キュービットのものさしを作った。これで腕の長さがちがっても、おなじように測れる。

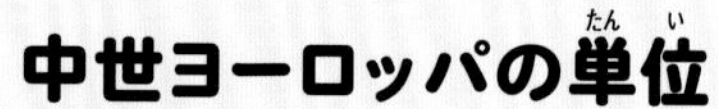

中世ヨーロッパの単位

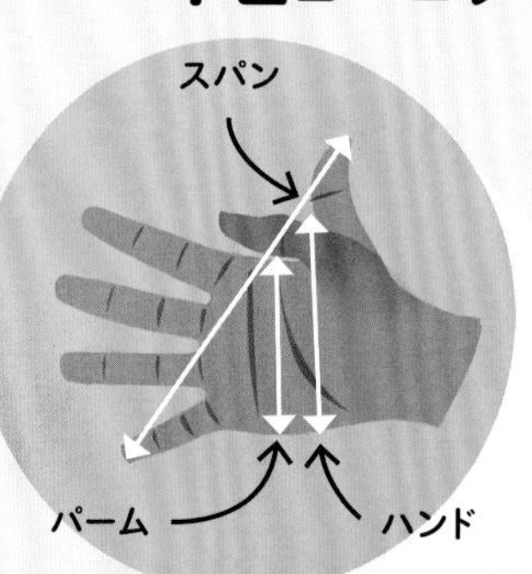

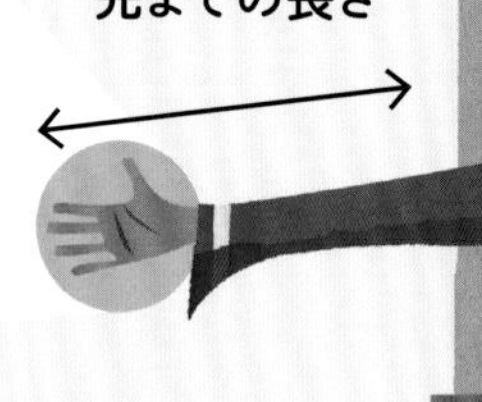

1スパン
＝指をひらいたときの、親指から小指までのはば
1ハンド
＝指をそろえたときの、親指から小指がわまでのはば
1パーム＝手のひらのはば

小さいものを測るときは……

とても小さいものを測るとき、人間の体は役に立たない。だから穀物を使ったんだ。

1バーリーコーン＝1インチの3分の1（約0.85cm）
1ポピーシード＝1バーリーコーンの4分の1または5分の1（約0.17cm）
イギリスとアメリカの靴のサイズは、今でもバーリーコーンにもとづいている。

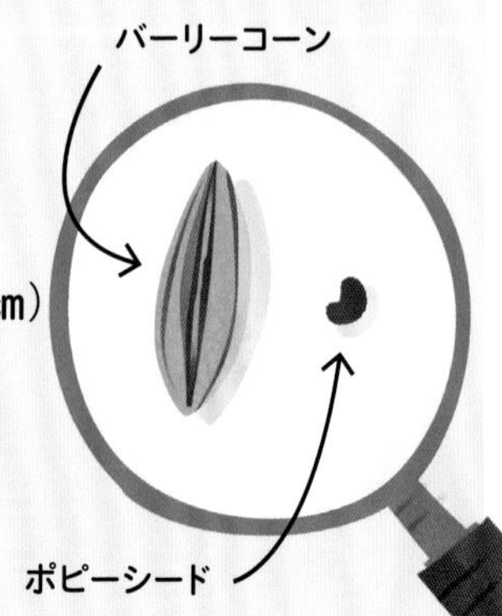

単位が多すぎる

はかりかたの単位がいろいろあると、話がこんがらがってしかたなかった。1900年、科学者のフランク・ウィグルスワース・クラークが、そのころ世界のあちこちで使われていた単位をまとめて1冊の本にした。なんと100ページ以上になったんだ。

メートル法の登場!

1700年代の終わりごろ、フランスの科学者たちが、
こんがらがった単位の問題にけりをつけることにした。
こうしてメートル法が生まれた。長さの単位はすべて10ごとに整理されたんだ。

長さの単位のおおもとになる「1m」は、
北極から赤道までの距離の1000万分の1とされた。

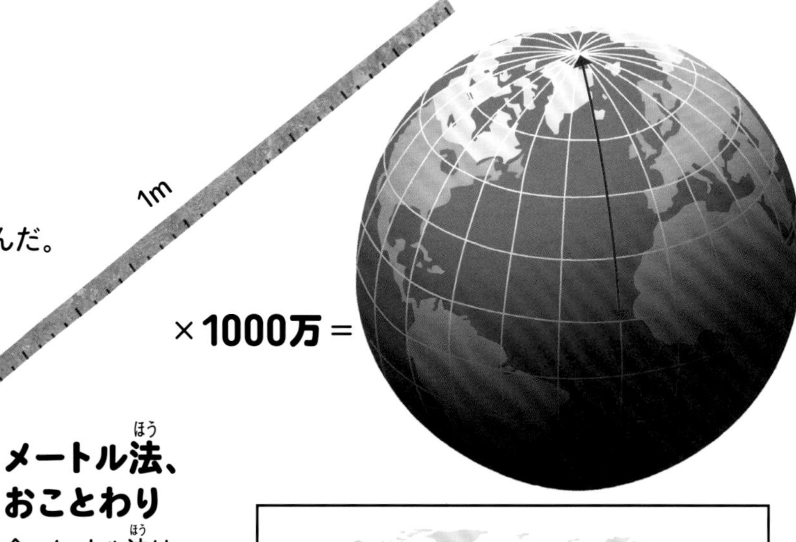

1日はもっと短かった?

科学者たちは、
時間にもメートル法を
使おうとしたことがあった。
メートル法にもとづく1日は10時間、
1時間は100分で、1分は100秒。
でも、このやりかたは根づかなかった。

メートル法、おことわり

今、メートル法は
世界中で
公式な単位系として
使われている。ただし、
右の3つの国だけは
ちがうんだ。

広くつたえる

みんながおなじように1mを測るには、どうしたらいいだろう?

公式な単位系をきめたフランスは、いろいろなものを測って記録した。
それらはパリの国際度量衡局に保管されている。

科学者たちは当時いちばんじょうぶな金属だとされたプラチナを使って、
「国際メートル原器」を作った。けれどやがて、
プラチナも時間がたつにつれて傷むことがわかった。今では公式な1mの定義は
「光が1秒の299,792,458分の1の時間に真空の中をつたわる距離」とされている。

世界には7つの公式な国際単位系がある。

おもしろ単位

恒星日の1日は何時間？ 馬の体はどれくらいの「距離」をあらわす？
人間は今でも、ふしぎな方法でものをはかることがあるんだよ。

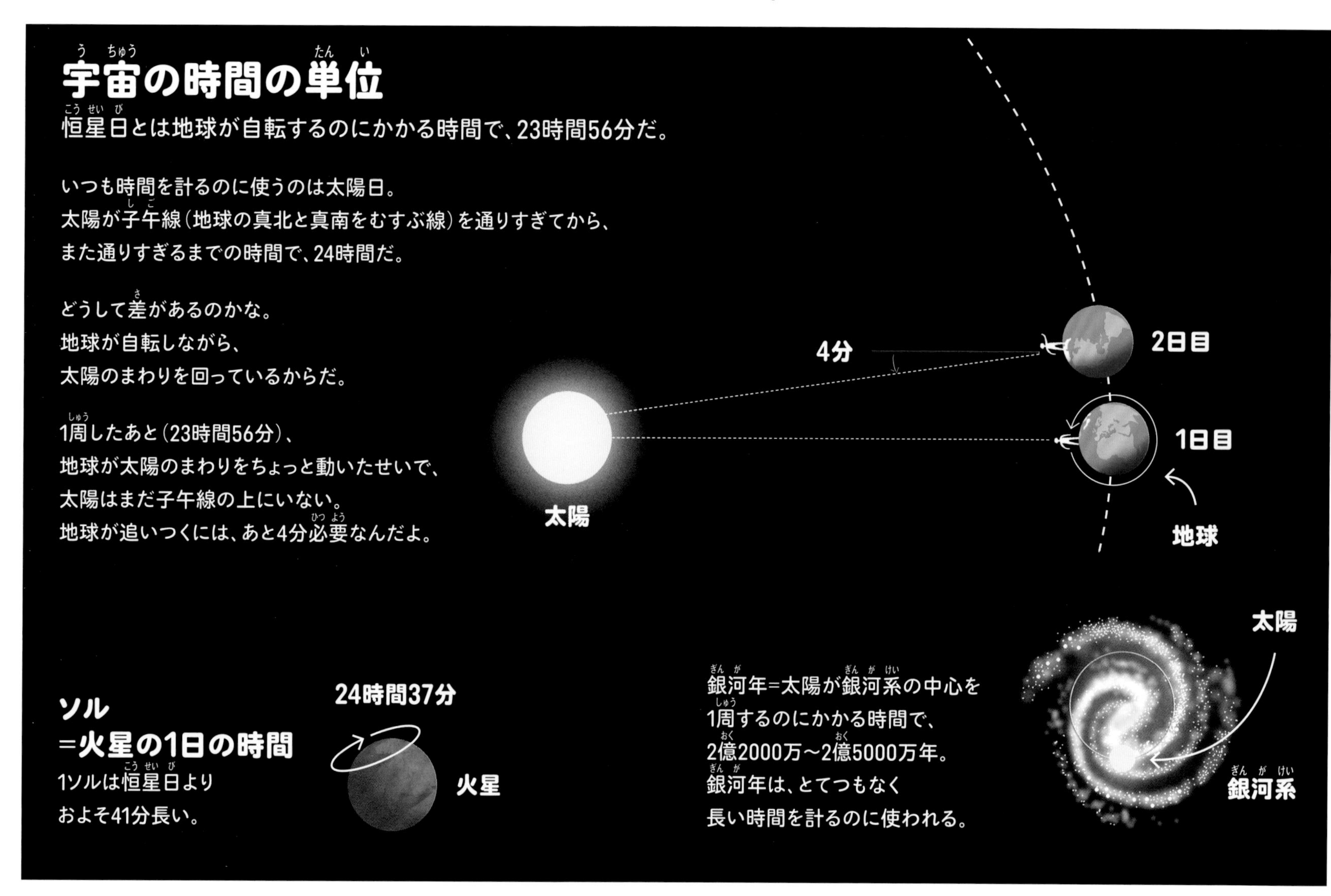

宇宙の時間の単位

恒星日とは地球が自転するのにかかる時間で、23時間56分だ。

いつも時間を計るのに使うのは太陽日。
太陽が子午線（地球の真北と真南をむすぶ線）を通りすぎてから、
また通りすぎるまでの時間で、24時間だ。

どうして差があるのかな。
地球が自転しながら、
太陽のまわりを回っているからだ。

1周したあと（23時間56分）、
地球が太陽のまわりをちょっと動いたせいで、
太陽はまだ子午線の上にいない。
地球が追いつくには、あと4分必要なんだよ。

**ソル
=火星の1日の時間**
1ソルは恒星日より
およそ41分長い。

銀河年=太陽が銀河系の中心を
1周するのにかかる時間で、
2億2000万～2億5000万年。
銀河年は、とてつもなく
長い時間を計るのに使われる。

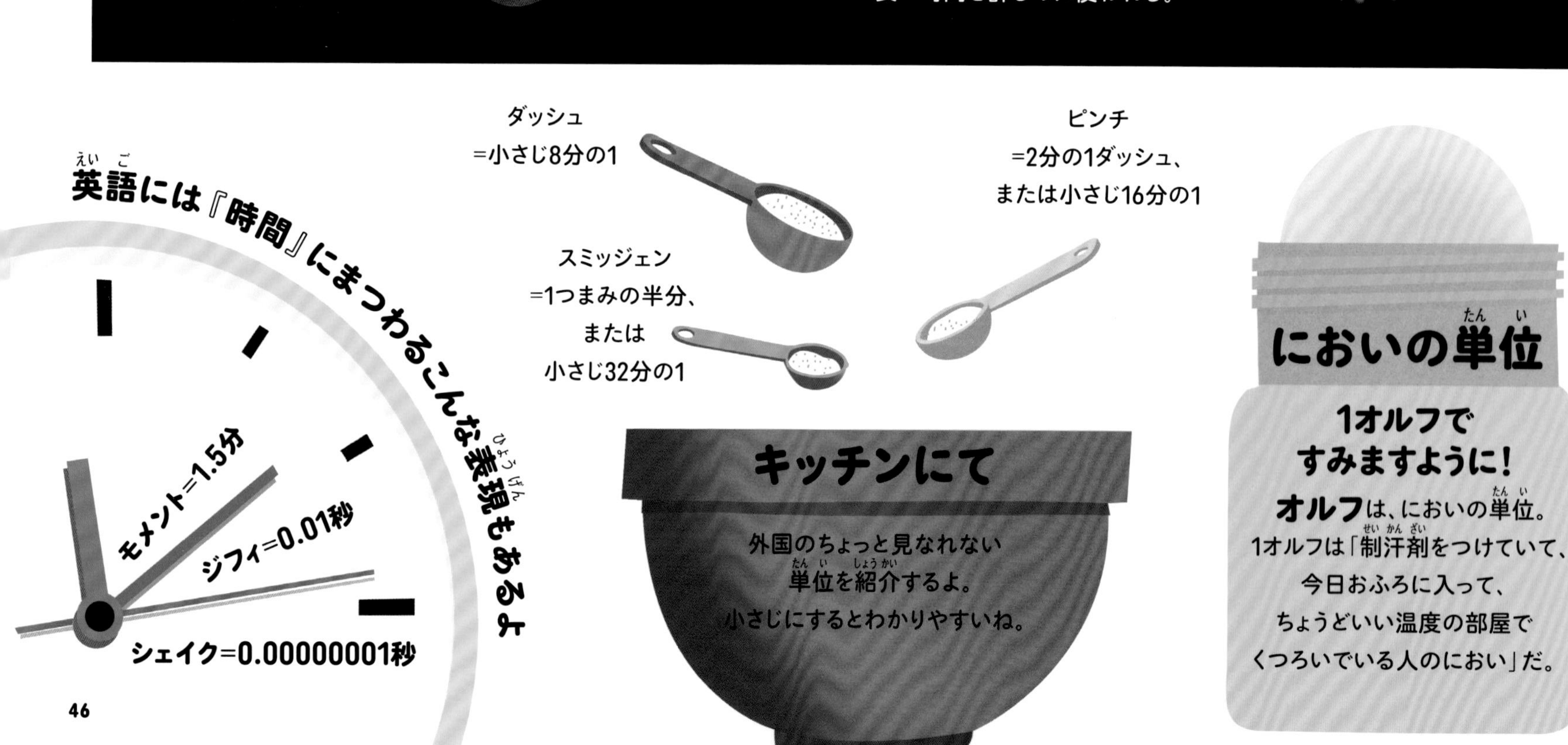

馬はべんりな単位

1馬力

120馬力

ハンド=馬の体高（地面から背中までの長さ）を測る単位。1ハンドは10cmちょっとだ。この絵のポニーは7ハンド。

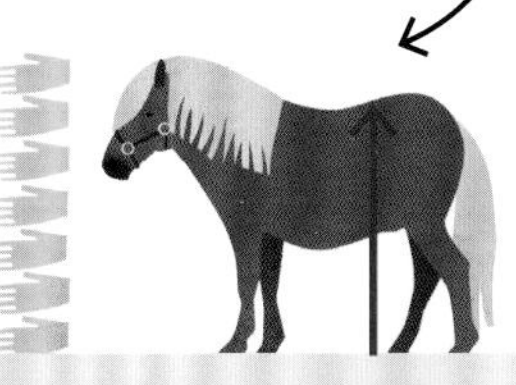

1馬力=75kgの重量のものを、1秒間に1m持ち上げるときの馬のパワー。

「馬力」は1700年代の終わりごろ、ジェームズ・ワットという人が考えた。
馬を使うのになれている人に、蒸気機関のよさをわかりやすく説明したかったんだ。

今も車のエンジンを馬力で測ることがあるよ。

馬身=競馬で使う長さの単位で、約2.5m。

バナナの「食べすぎ」は危険!?

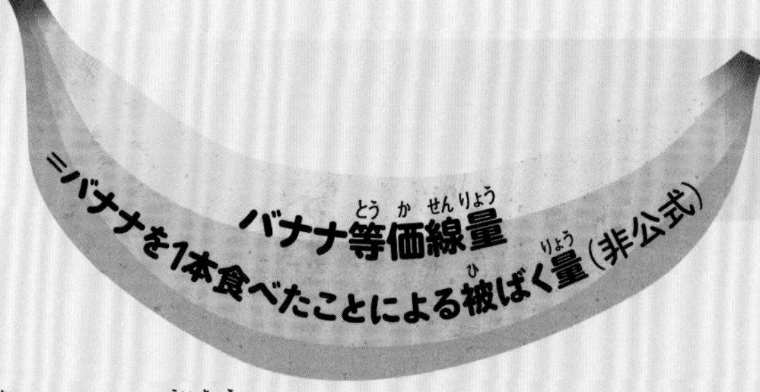

50×	400×	100,000,000×
50本=歯のレントゲン	400本=ロンドンからニューヨークへの飛行機の旅	1億本=被ばくによる死？

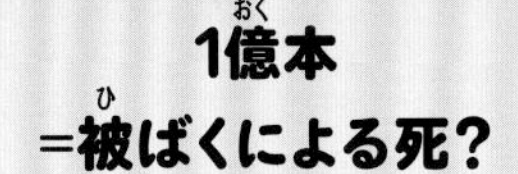

※実際には体に影響はないから、バナナを食べるのをやめる必要はないよ！

どれくらい危険？

1マイクロモート=死ぬ確率が100万分の1であること

カンガルーとはちあわせ！	約370kmを車でドライブ	スカイダイビング（1回につき）	赤ちゃんが生まれてくること	エベレスト登山
			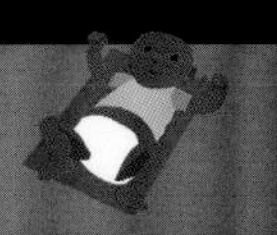	
=0.1マイクロモート	=1マイクロモート	=10マイクロモート	=430マイクロモート	=3万7932マイクロモート

データを集めて、生みだして

人間はありとあらゆるデータを集める。そうして手に入れた事実や数字が、世界のことをだれかに説明したり、もっと深く学んだりするとき役に立つんだ。

まずは標本から

世界ではどれくらいの人が読み書きできるのか、調べてみたいな。どうしたらいいだろう？

みんなの家をたずねて、聞いてまわることはできない。世界の人口は75億人以上だものね！かわりに統計の専門家が「標本調査」とよぶ方法を使うとべんり。1人ずつではなく、一部のグループの人たち（「母集団」という）に聞いて、そのデータをより大きなグループにあてはめるんだ。

大切なのは、母集団がより大きなグループとかけ離れていないこと。
たとえば母集団にはちがう年齢、性別、国籍の人がふくまれていなくてはいけない。

世界の100人の標本調査はこんなふうになるはずだよ。

50人が女の人、50人が男の人

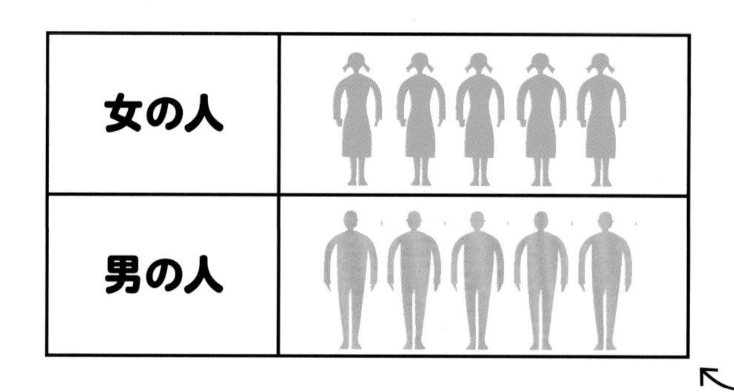

この絵を**ピクトグラム**という。1人の絵が10人をあらわしている。

60人がアジア、17人がアフリカ、10人がヨーロッパ、7人が北米と中米、6人が南米の生まれだ。

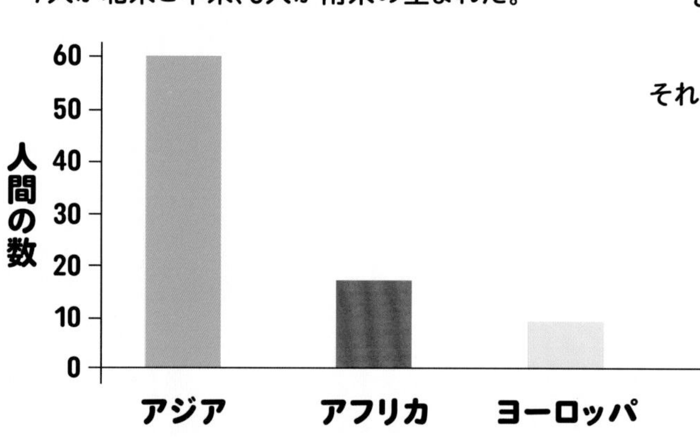

これを**棒グラフ**という。棒1本ずつが、それぞれの大陸に住む人たちの数をあらわしている

25人は15歳未満、66人は15〜64歳のあいだ、9人は65歳以上

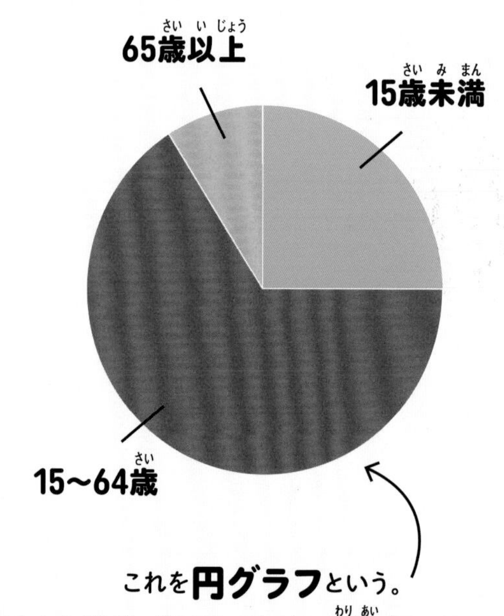

これを**円グラフ**という。
円をおうぎ形に分けて、データの割合をしめしている。

86人は読み書きができて、14人はできない。

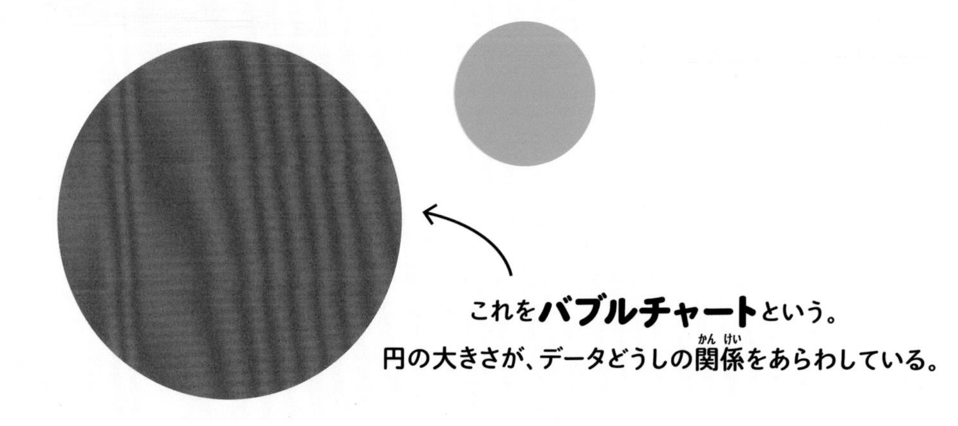

これを**バブルチャート**という。
円の大きさが、データどうしの関係をあらわしている。

ふえるいっぽう?

下の2つのグラフは、1980年から今までの「線形」市場(左)と「対数」市場(右)。
1980年代にどちらかの市場に投資した人がいたら、その人のお金はそれぞれこんなふうにふえてきたはずだ。
どちらの市場に投資したほうがよかったかな?

むずかしい質問だけれど、答えは「おなじ」。2つのグラフはどちらも、
1980年から今までのアメリカの株式市場の成長をあらわしている。目盛がちがうから、見えかたがちがうだけ。

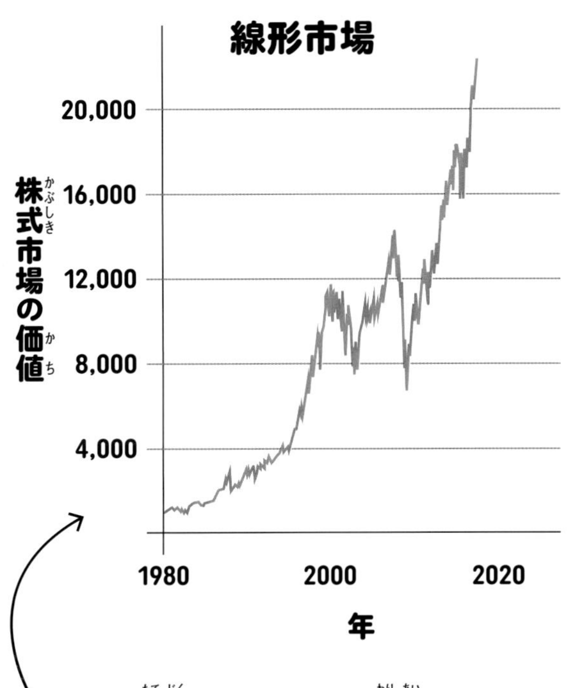

グラフの縦軸の数字は、おなじ割合でふえている。
このグラフは線形目盛を使っているんだ。
線形目盛を使うと成長は大きく、速く見える。

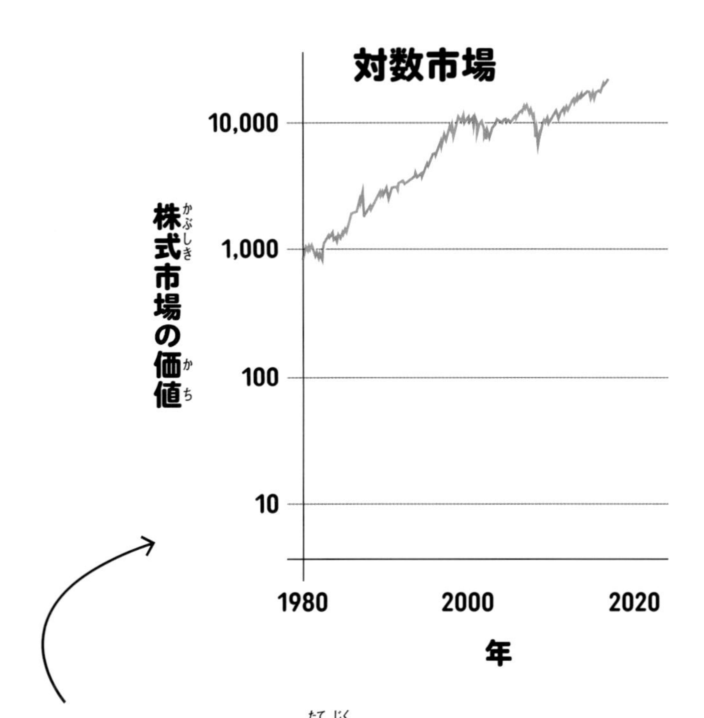

では、こっちのグラフの縦軸を見てみよう。数字が100、1000、10000と
飛んでいるのがわかるかな。目盛が10倍になっているんだ。
これを**対数目盛**という。すると成長はより一定で、ゆるやかに見える。

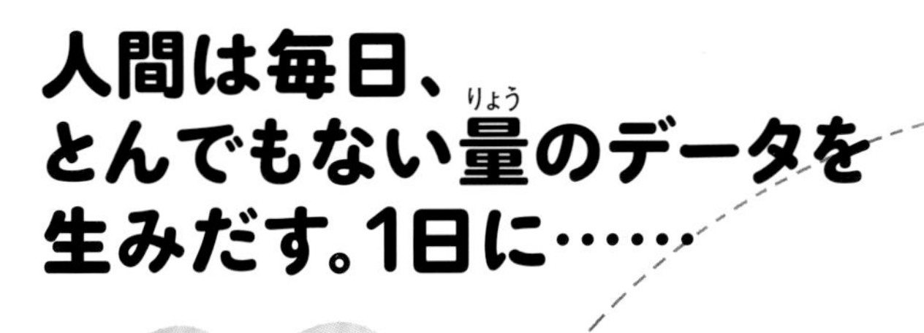

人間は毎日、とんでもない量のデータを生みだす。1日に……

インターネットで50億件の検索がされている

2940億件のEメールが送られている

3億5000万点の画像がフェイスブックに投稿されている

2013年から2020年にかけて
インターネット上で
生まれたデータは、
2013年までの
約10倍にもなった!

大きすぎ、小さすぎ、ちょうどいい

背の高さ

下の図は、10歳の女の子たち21人の背の高さをあらわしている。
背が高い子、小さい子、どれくらいいるかな？

平均値

「平均値」ってどういう意味？
下の説明を読んでみよう。

まんなかはどこ？

データをあつかうとき、いちばん大切なことのひとつが「**平均値**」。
それを見ると統計学者（統計を専門にしている人たち）は、ちょうどまんなか（平均）がわかるんだ。
平均値を出すには、すべての数字を足してデータの数でわる。

女の子たちの背の高さの平均値は……

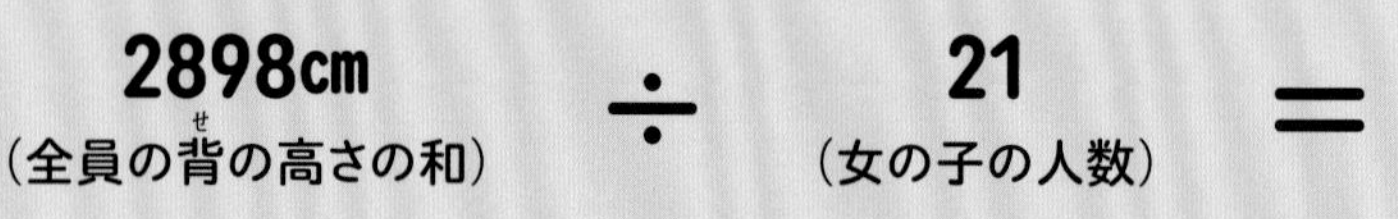

そのデータ、どれくらい「正規」？

上の図の平均値がどこにあるか、見てみよう。ちょうどまんなかだね。
9人の女の子は平均値より背が高く、9人の女の子はそれより低い。
女の子たちの身長は、平均値の138cmのまわりに集まっている。

データが平均値のまわりに集まるとき、そのデータは「正規分布」といわれる。
べつの言いかたをするなら、だいたい予想どおり。
ほとんどの数字がまんなかに集まっているんだ。

正規曲線をえがくのは、お手本のような「正規分布」のグラフ。
現実のデータは、きっちり正規曲線をえがくことはない。
（10歳の女の子たちの身長みたいに、ほぼぴったりそうなるものもあるけれど！）

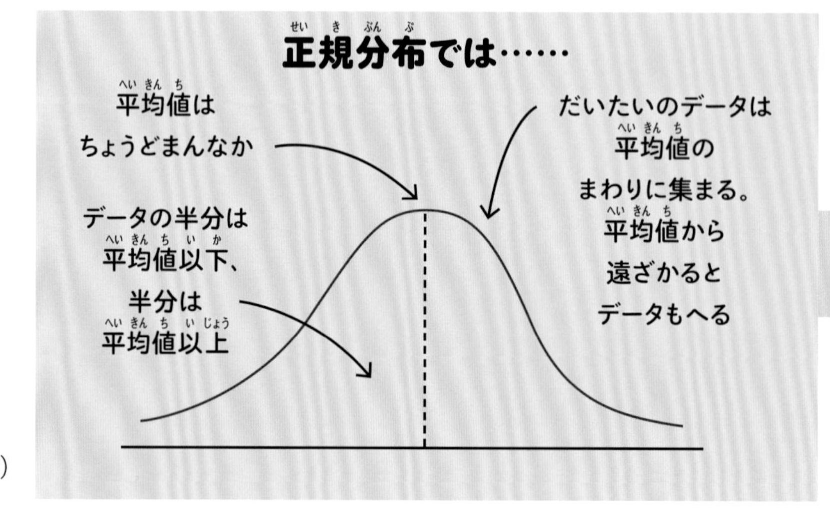

統計学（データを分析するための数学）でだいじなのは、まんなかはどれくらいか、
最大（最小）がどれくらいか、全体が何を意味するのか考えること。
背の高さとホットドッグの2種類のデータについて、統計は何を教えてくれるだろう？

ホットドッグをいただきます

下の図は2018年、アメリカのコニーアイランドで開かれた「ネイサンズ国際ホットドッグ早食い選手権」の結果だ。
優勝したジョーイ・チェスナットという人は、10分間で74本のホットドッグを食べた！
ほかの参加者とくらべてどうだったかな。

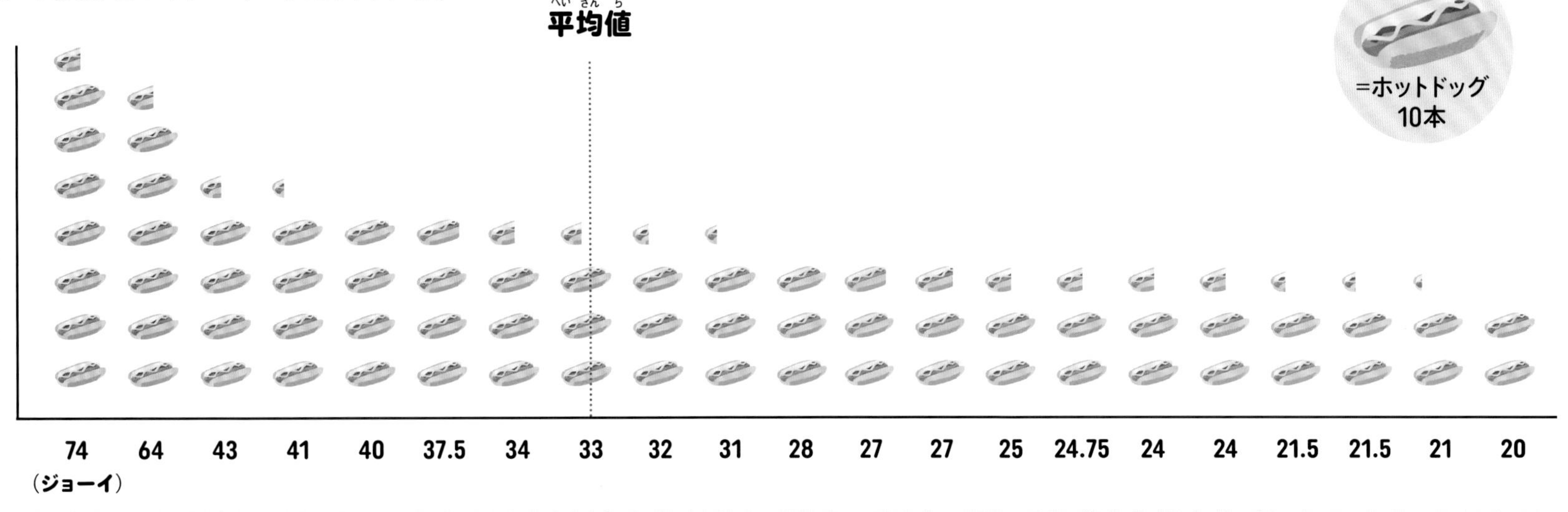

早食い選手権で食べられたホットドッグの数の平均値は……

693.25（食べられた合計）	÷	21（参加者の数）	＝	33本

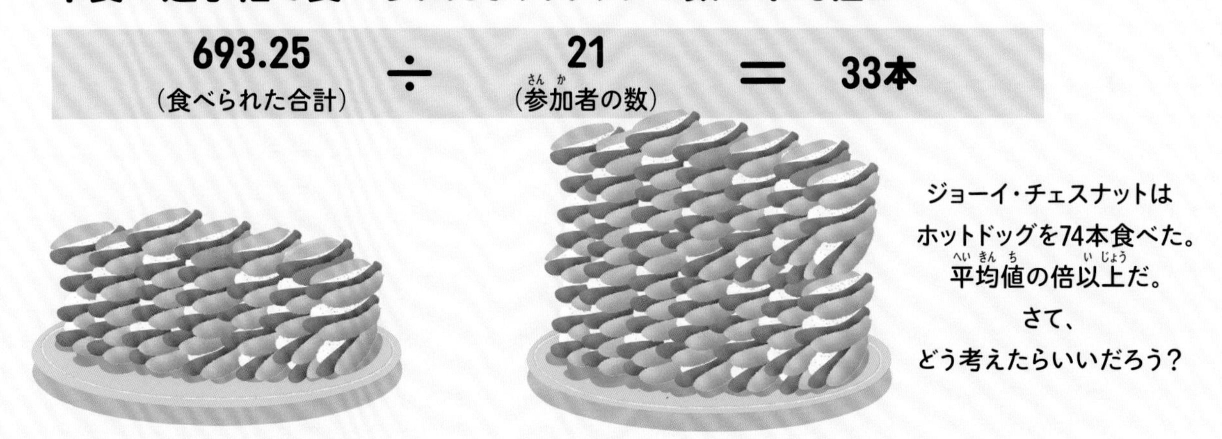

ジョーイ・チェスナットは
ホットドッグを74本食べた。
平均値の倍以上だ。
さて、
どう考えたらいいだろう？

もう1度、上の図を見てみよう。平均値はどこにあるかな。まんなかじゃないのは、なぜ？

ジョーイ・チェスナットは、ほかの参加者よりずっと多くのホットドッグを食べた。
そのことがデータに「歪度」をもたらした。つまり、ジョーイのせいで
平均値が上がってしまったんだ。準優勝した人もたくさん食べているね。

やたらと大きかったり、小さかったりする値は「外れ値」とよばれる。
ジョーイ・チェスナットは74本のホットドッグを食べたけれど、
ほとんどの参加者は45本以下だった。ジョーイはりっぱな「外れ値」だ。

クイズ$ミリオネア

数学を使ったらお金がふえるし、どんなことをしたらお金をなくしてしまうかもわかる。
たくさんお金をかせぎたいなら、数学をちゃんと勉強したほうがいいよ！

利子ってなんだろう？

利子とは、銀行に預金することで手に入るお金。
預金にたいする何パーセント、というかたちで計算されるんだ。

銀行は利子を
はらっているだけじゃない。
お金を貸して、利子もとるんだ。
お金を貸すときの金利は、
預金している人たちに
利子をはらうときより高い。
そうやってお金を
もうけているんだよ。

たとえば10万円の預金があり、金利（もとのお金にたいしてもらえる利子の割合）が年10%だったとする。
10万円の10%は1万円だから、1万円の利子が手に入るんだ。

利子には「**単利**」と「**複利**」がある。

単利ってなんだろう？

預金が単利方式のばあい、はじめにあずけたお金の額にそって、毎年おなじだけの利子をもらうことになる。

10万円+1万円
=11万円

10万円の
預金があったら、
1年目には
1万円もらえる。

11万円+1万円
=12万円

2年目も、
もらえるのは
1万円。

12万円+1万円
=13万円

毎年、
その
くりかえし……

13万円+1万円
=14万円

1歳

2歳

3歳

4歳

10万円+1万円
=11万円

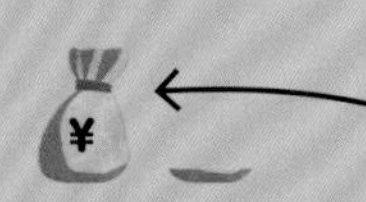

11万円+1万1000円
=12万1000円

12万1000円+1万2100円
=13万3100円

13万3100円+1万3310円
=14万6410円

じゃあ、複利って？

預金が複利方式だったら、
お金がふえるにつれて
利子もふえる。
つまり10万円預金したら、
1年目にもらえるのは1万円。

でも2年目は
預金が11万円にふえた。
すると11万円にたいして
10%の利子（1万1000円）が
つくから、預金は
12万1000円になる。
やったね！

複利のばあい、
手に入るお金が1年ごとにふえていく。
はじめのうちは、単利とそんなに
変わらないように見えるかもしれないね。
だけど、お金のふえかたはだんだん
スピードアップしていく。
いずれ、とても大きい
金額になるんだ。

長い時間をかけて
貯金するのは
数学的にかしこいと、
複利方式は教えてくれる。

絵の意味  **=10万円**

お金がへってしまうよ!

ギャンブルをしたら、まちがいなくお金はへっていく。
カジノのお店や宝くじ協会は数学を使って、自分たちはできるだけ損をしないようにしているからね。

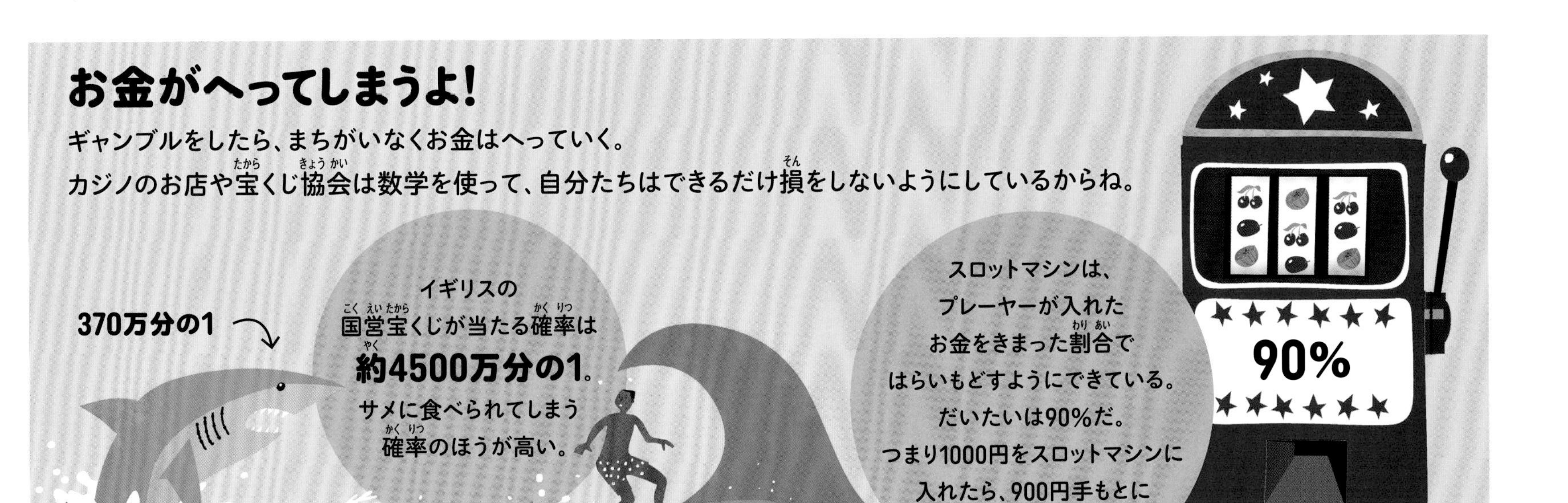

素数のひみつ

素数はとくべつ。
数学者たちが時間をわすれて考えこむのも、
いつまでも解けない数学の問題が生まれるのも、
だいじな情報がまもられているのも、
素数のおかげだ。

いちばんコンパクトな数字

素数とは、自分自身と1でしか割りきれない数のこと。
ほかの整数にはいくつも約数がある。でも素数はコンパクトなんだ。

たとえば5は素数。
1と5でしか
割りきれないからね。
ほかのどんな整数で
割ろうとしても、
分数か小数になってしまう。

5

5÷1=5 ✓
5÷5=1 ✓
5÷2=2.5 ×

でも6は
素数ではない。
2、3、1と自分自身で
割りきれるからだ。

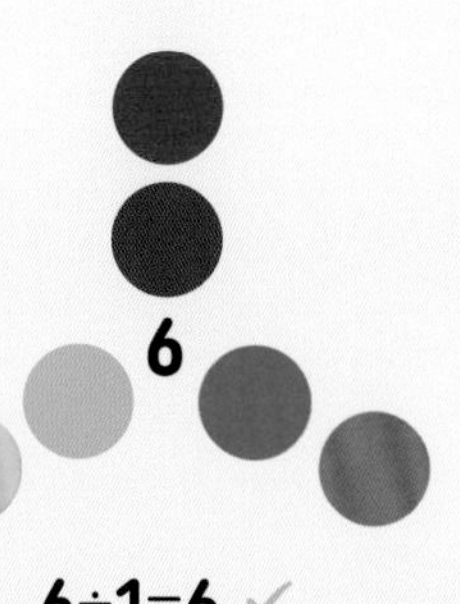

6÷1=6 ✓
6÷6=1 ✓
6÷2=3 ✓
6÷3=2 ✓

小さいほうから
6つの素数は
2、3、5、7、11、13。

1は1でしか
割りきれないから、
素数ではない。

数が大きくなるほど、素数は
あらわれにくくなる。
でも、終わりはないんだ。
2020年の時点で発見されている、
いちばん大きな素数は$2^{82,589,933}-1$。
2486万2048桁もある！
おおぜいの人たちのコンピュータの
あまった能力を借りて素数を探す、
「素数探索プロジェクト」を
とおして見つかったんだ。

史上最大の数学の未解決問題

差が2である素数のペアはいくつあるだろう？
じつは、だれも答えを知らない。
この問題は「双子素数の予想」とよばれている。
問題が生まれたのは200年くらい前で、
世界中のすぐれた数学者たちが、今も答えを求めて知恵をしぼっているんだ。

素数をもとめて

数が大きくなればなるほど、素数を見つけるのはむずかしくなる。
素数かどうか見分けるには、それより小さい数で割ってみるしかないからね。
だけどラッキーなことに、ぜんぶの小さい数で割らなくてもいい。
「エラトステネスのふるい」とよばれる方法があるんだ。

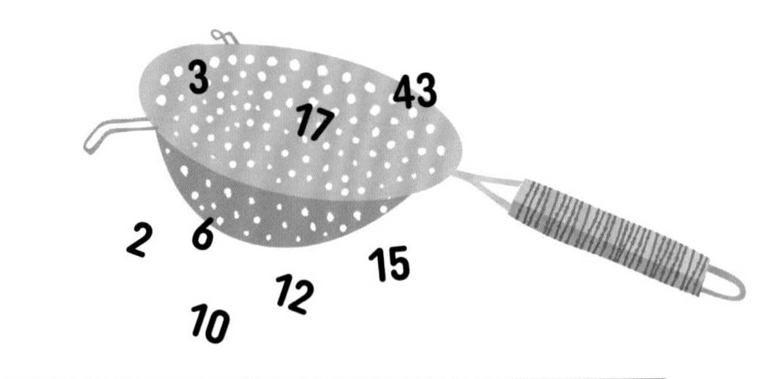

1. その数より小さい素数で割りきれるかな。
2、3、5……と進めていこう。

2. 素数の2乗が、調べている数より
大きくなったところでストップ。

3. 調べている数がまだ割りきれていなかったら、
素数できまりだ。

では、やってみよう。97は素数だろうか？

まず97が、それより小さい素数で割りきれるか調べる。
はじめに2（割りきれない）、
つづいて3、5、7（やっぱり割りきれない）。
11まできたらストップ。
11の2乗は121で、97より大きいからね。
わかったかな？

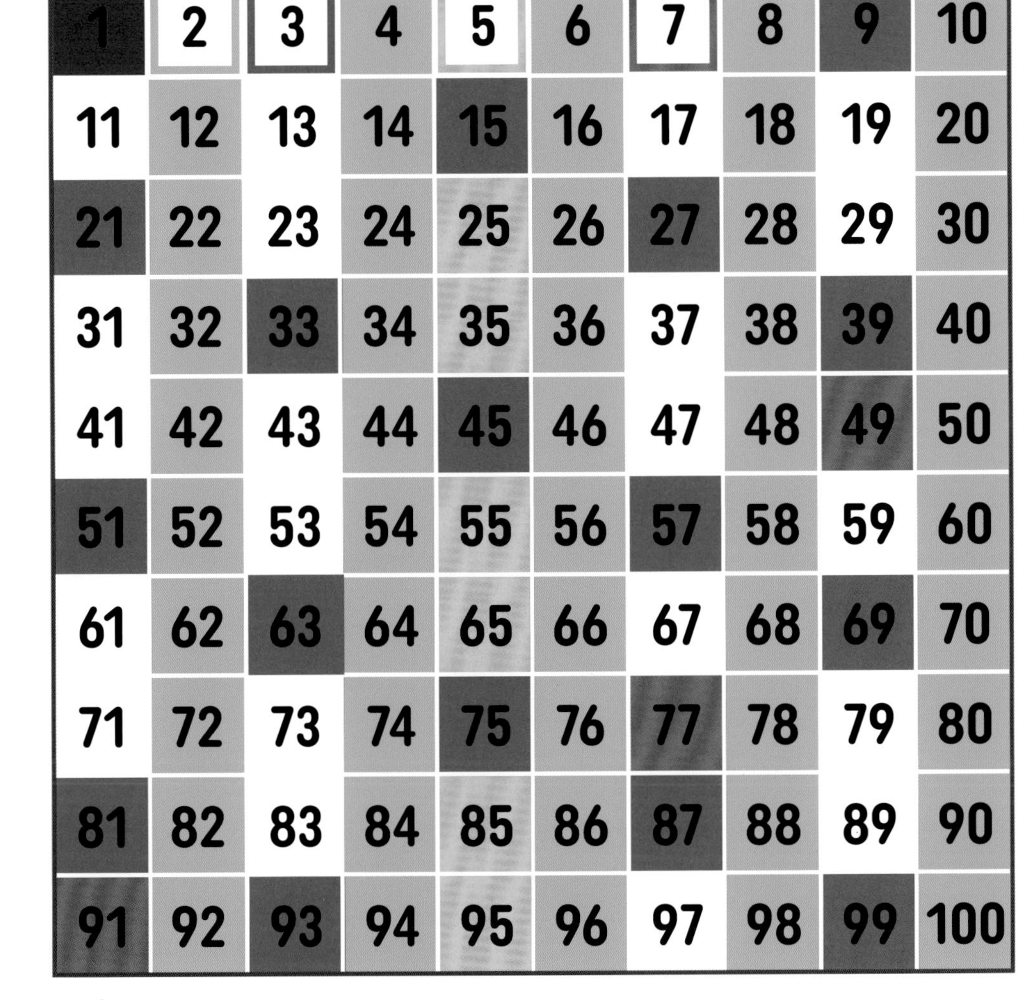

このマス目には
1〜100の数字が書かれている。
2で割りきれる数字は緑、
3は青、5は黄色、7はむらさき。
のこりの数字はぜんぶ素数なんだ。
97も素数だね。

2で割りきれる
3で割りきれる
5で割りきれる
7で割りきれる

素数は安全

桁数の大きい素数は見つけるのが
とてもむずかしいから、パスワードにぴったり。
ひみつの暗号やセキュリティを
研究する数学者（暗号研究者ともいう）は、
素数を生みだす機械を使って、
ぜったいにやぶられない暗号を作る。
こうした暗号は、インターネット上の
個人情報をまもるのに使われているんだ。

素数と昆虫

13年か17年に1回だけ、地上に出てきて交尾するセミがいる。
13と17がどっちも素数なのは、たまたまなんかじゃない。
科学者の研究では、天敵をさけるためだとされているんだ。
たとえば12年ごとに地上に出てくるセミがいたら、
寿命が2、3、4、6年の敵に食べられてしまうかもしれない。
でも13年ごとだったら、敵とはちあわせしてしまう危険が
もっと少なくて、生きのびる確率が高くなる。

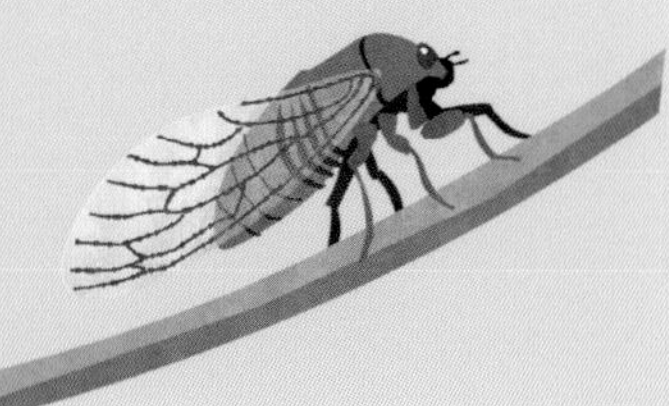

宇宙にはどんな形がある？

**宇宙には、びっくりするような形があるかもしれない。地球は丸いと思う？
だいたい丸いけれど、まんまるじゃないんだ。数学者が宇宙で見つけた形を紹介するよ。**

地球の形

2つの地球は、どこがちがうかな？
そっくりおなじに見えるかもしれない。でも、ちがうんだ。

右の地球は左にくらべて3%横はばが広い。
とても小さな差だけれど、やっぱり右の地球はまんまるではないんだ。
円のようなこの形を「回転楕円体」とよぶ。
横にふくらんだボールを思いうかべてごらん。
それが地球の形だ。なぜ、まんまるではないのだろう？ 自転しているからなんだよ。

回転のしくみ

ものが回転するとき、外の部分は中よりも時間をかけて動く。
何かが回るときは、かならずそうなんだ。たとえば自転車の車輪。

地球の自転の速さは、場所によってちがう。
いちばん速いのは赤道のあたり。
自転が速くなるにつれて、
外の部分は中のほうを
追いかけなければいけなくなる。

そのいっぽうで、重力が外の部分を
中のほうにひっぱる。赤道のあたりでも
地球がばらばらにならないのは、
重力のはたらきなんだ。

その力によって地球は横にふくらみ、
回転楕円体になる。
おなじ理由で、宇宙の惑星や恒星もみんな回転楕円体だ。

重力とは宇宙にあるものどうしを
引きよせあう、見えない力のこと。
地球上のものは、
地球の中心にむかって引きよせられる。
手がすべったとき、
トーストが床におちるのも重力のせい。

ほかの惑星の形

太陽系でいちばん、
形がいびつなのは
土星だ。
縦（北極から南極）より
横のほうが、11%も
はばがあるんだよ。

太陽系でいちばん
丸いのは**金星**。
横のふくらみが
ほんの少しだから、
ほぼまんまるなんだ。

宇宙には立方体の惑星があるのかな？

答えは「いいえ」。どうしてだろう？

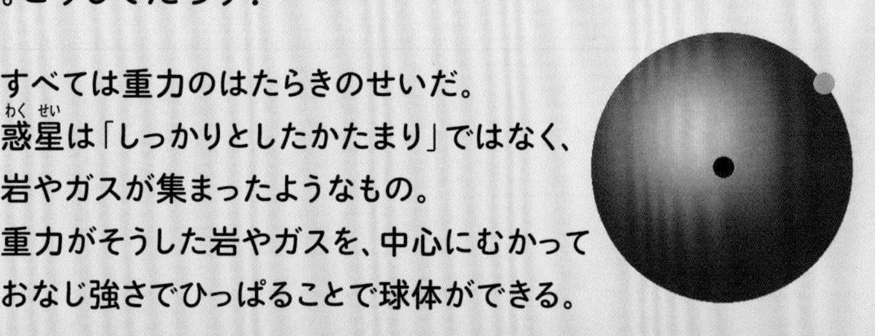

すべては重力のはたらきのせいだ。
惑星は「しっかりとしたかたまり」ではなく、
岩やガスが集まったようなもの。
重力がそうした岩やガスを、中心にむかって
おなじ強さでひっぱることで球体ができる。

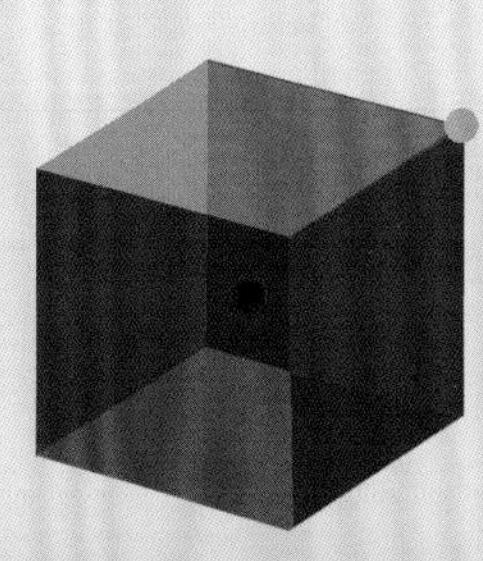

立方体の惑星のばあい、
角の部分はほかの部分より
中心から遠くなる。
それはありえないんだ。
中心にむかって重力がひっぱれば、
角はならされて球体になるからね。

軌道の形

太陽系の惑星はどれも、「楕円軌道」とよばれる
平たい円の円周にそって動いている。
そうやって動きながら、
太陽に近づいたり遠ざかったりする。

遠日点

7月、地球は太陽から
いちばん遠い
地点（遠日点）にたどりつく。
太陽から
約**1億5200万km**
はなれている。

152,000,000km

太陽

147,000,000km

地球

地球が太陽のまわりを回るときの道すじ

近日点

1月、地球は
太陽にいちばん
近い地点（近日点）に
たどりつく。
太陽まで
約**1億4700万km**だ。

遠日点と近日点の差は
約**500万km**。ずいぶんあるようだけど、
じつは距離としては**3%**くらいの差で、
たいしたことはない。

宇宙の形

宇宙がどんな形をしているのか、だれもはっきりとは知らない。

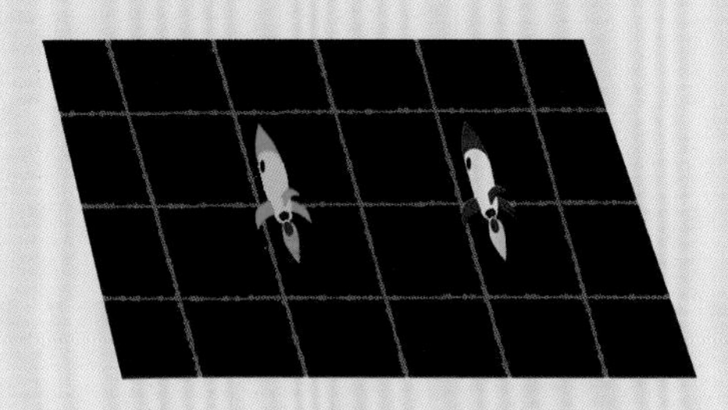

平たん

宇宙は平たん（＝平たい）という説がある。
2機のスペースシャトルが横にならんで
飛んでいたら、どこまでいってもそのままで、
ぜったいにぶつかることはない。

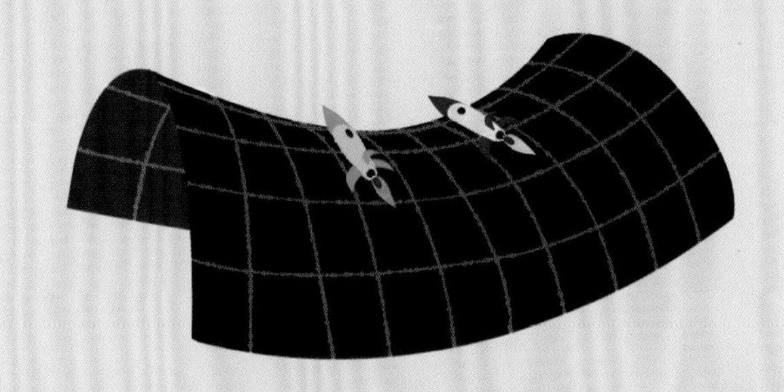

開いている

宇宙は開いているという説もある。
横にならんで飛んでいる2機のスペースシャトルは、
ぶつかることがないかわり、
少しずつおたがいから遠ざかっていく。

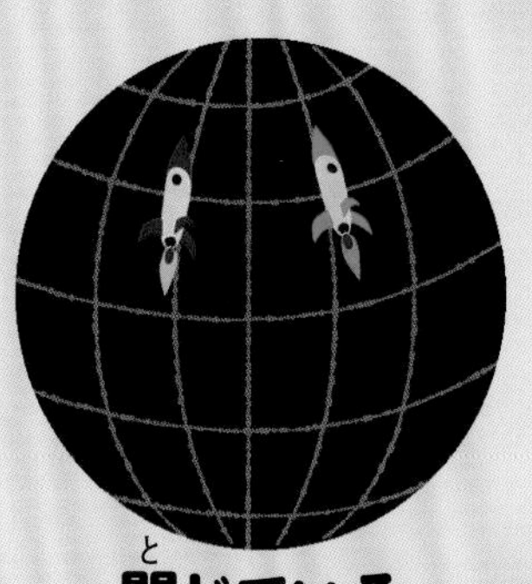

閉じている

さいごに、宇宙は閉じているという説。
つまり2機のスペースシャトルが横にならんで
飛んでいたら、いつかおたがいの進路に入って、
ぶつかってしまうんだ！

数学と音楽

2つの音をいっしょに鳴らすと、どんなひびきが生まれるだろう？ 2つのリズムをいっしょにかなでたら？ こうした質問に答えるには耳だけじゃなくて、電卓も必要だ。音楽と数学は、切っても切りはなせないんだよ。

数学的なメロディ

2つの音をいっしょに鳴らすと、耳ざわりなひびきになることも、
きれいなひびきになることもあるよね。それは分数のせいなんだ。

音とは中心からはじまって、
外へと広がっていく波（音波）のこと。
それぞれの音がちがって聞こえるのは、
音波の周波数がちがうからなんだ。
周波数とは、1秒間の振動の回数のことだよ。

音の周波数は「ヘルツ」という単位で測る。
いっしょに鳴ったとき耳ざわりな音がするか、
きれいな音がするかは、
周波数の組みあわせによるんだ。
きれいな音どうしは、
かんたんな分数であらわせる。
よく知られた音の組みあわせと、
そこにかくされた分数を見てみよう。

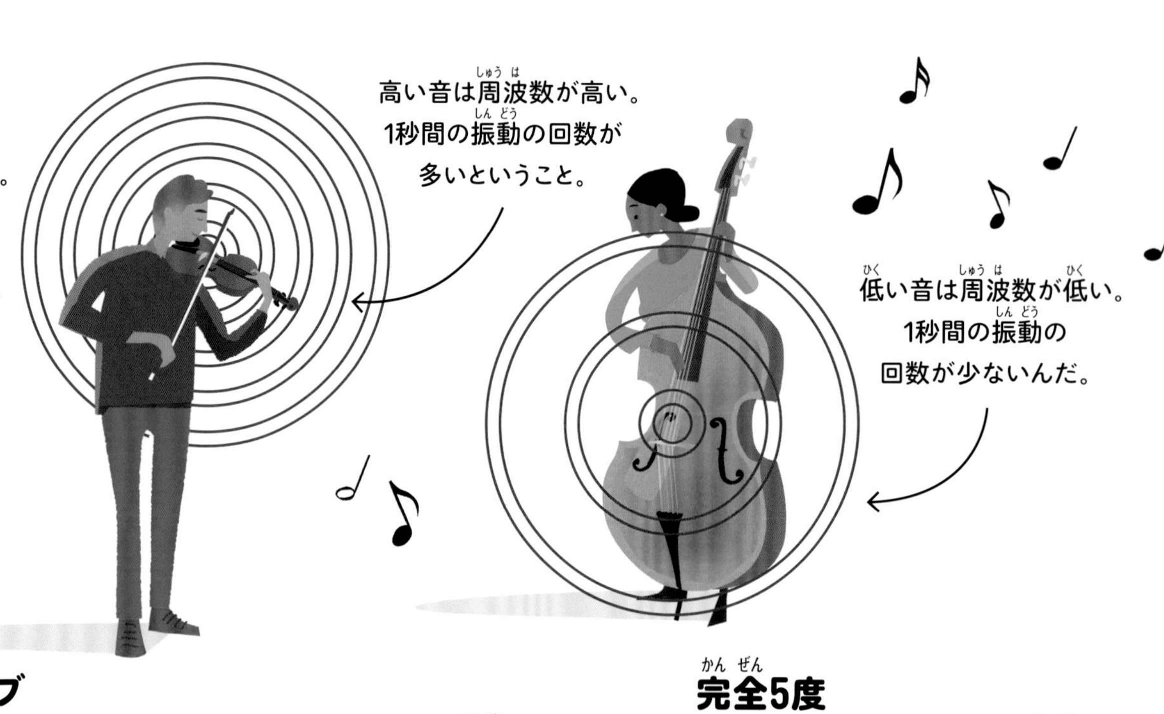

オクターブ

オクターブとは高さがちがう、おなじ音のこと。
「虹の彼方に」の出だしの2つの音みたいにね。
オクターブのばあい、高いほうの音の周波数は低いほうの
音の周波数の2倍。だからおなじ音に聞こえるんだよ。

261.6ヘルツ×2=523.2ヘルツ

完全5度

「完全5度」とよばれる音の組みあわせがある。たとえば映画
『スター・ウォーズ』のメインテーマの、出だしの2つの音。高いほうの
音の周波数は、低いほうの音の周波数のほぼ2分の3なんだ。分数がすっきり
しているとき、つづけて鳴らすとすてきな音が出る。そう、「完全」なんだね。

261.6ヘルツ×3/2=392.4ヘルツ

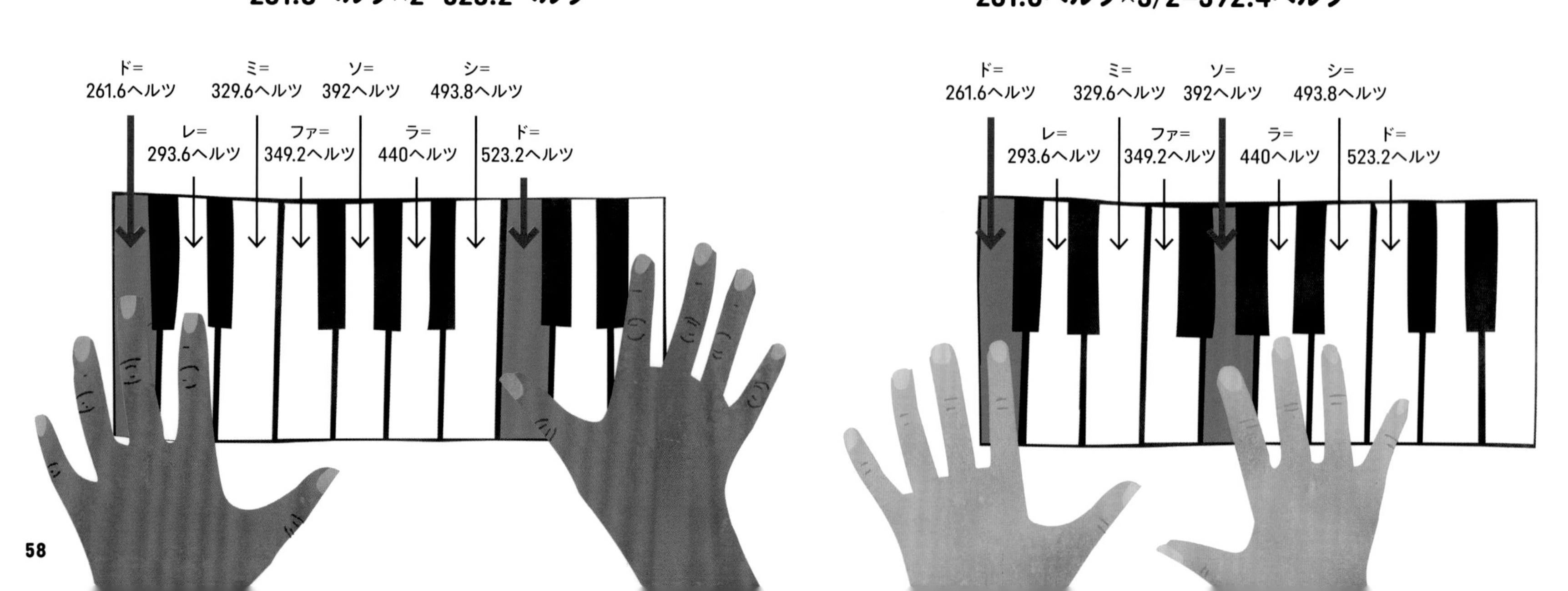

数学と拍子

楽譜を読む力は、数学の力とつながっている。
はんたいに数学が少しでもできたら、楽譜の読みかたもわかるんだよ。

音符は分数。それぞれの音符には、音楽的な記号と名前がある。「全音符」は「2分音符」の2倍のばす。
「2分音符」は「4分音符」の、「4分音符」は「8分音符」の、それぞれ倍の長さなんだ。

音符の
横の小さな点は、
1と2分の1倍だけ
長くのばすという意味だ。
つまり付点2分音符は、
2分音符より
1と2分の1倍長い。

音符の数（1小節あたり）	名前
1	全音符
1（＋残り）	付点2分音符
2	2分音符
4	4分音符
8	8分音符
3×4（「3」の連桁）	8分3連符
16	16分音符

こんなところに分数が

楽譜のはじめに分数が書いてあるのは、なぜだろう？
この分数のことを「拍子記号」という。
楽器をひく人は拍子記号を見たら、
1小節の拍の数と、
1拍をかぞえる音符の種類がわかるんだよ。

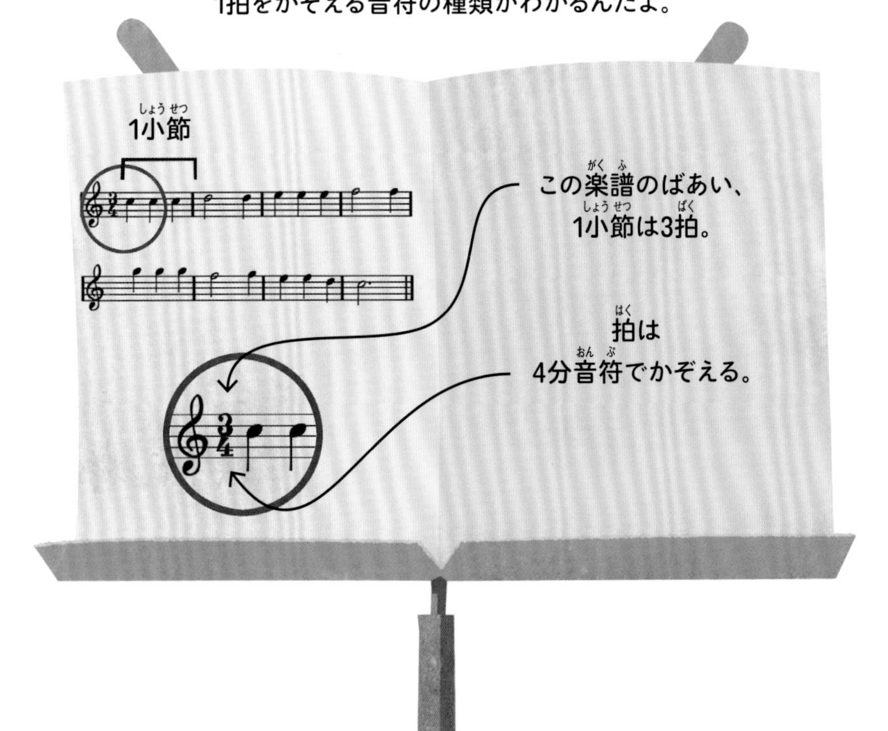

DJは数学の天才！

ディスクジョッキー（DJ）は
いろいろな音楽を流して、お客さんを
もりあげる。ある曲からべつの
曲に変えるとき、みんなが踊っているのを
じゃましないためには、2つの曲の拍を合わせて
じょうずに変えなくてはいけない。
拍をぴたりと合わせるのにも、
数学の力が必要なんだ。

プレイボール!

サッカーのピッチや、陸上競技用のトラックでかわされる言葉に耳をかたむけてごらん。「数学」が聞こえてくるはず。スポーツの作戦や分析、プレーには数学が欠かせないんだ。

スポーツの世界の形

多くのスポーツはまんまるのボールを使う。ただし、ぜんぶではないよ。

12個の五角形

20個の六角形

サッカーボール
=切頂二十面体

アメフトやラグビーのボール
=扁長楕円体

ホッケーのパック
=円柱

ゴルフボールはかんぺきな球体ではない。
表面に300〜500個の小さな「ディンプル(くぼみ)」があるんだ。
ひとつひとつの深さは約0.25㎜。表面がなめらかなゴルフボールは、ディンプルつきのゴルフボールの半分くらいしか飛ばない。
ディンプルのおかげで、
空気抵抗が少なくなるんだ。

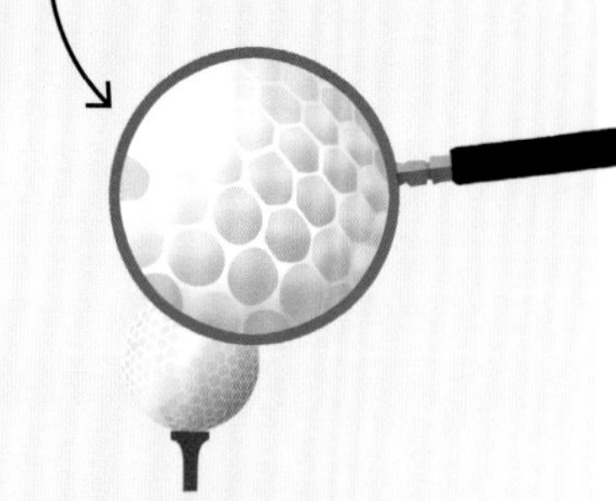

ゴルフボール
=ディンプルつきの球体

スポーツと「スタッツ」

チームの勝ち負けや、選手の1試合の平均得点数、得点王レースなどの成績をまとめたものを「スタッツ」という。スタッツがあるから、スポーツはおもしろいんだ!
選手や監督が、
勝ちにつながる作戦を
考えるときも
役に立つんだよ。

2002年、
オークランド・アスレチックスという
メジャーリーグの球団はスタッツにもとづいて、
よそのチームで活躍できていなかった
選手たちをチームに入れた。
するとお金はそれほどかけていないのに、
とても強いチームになったんだよ。

サッカーのワールドカップでおこなわれる
PK戦のスタッツによると、チームメイトがPKを
外しているばあい、ゴールキーパーが右に飛ぶ
確率は2倍になる。ボールをけろうとしている
選手にとって、役に立つ情報だよね。

野球はスタッツの山。
野球のスタッツを分析することに
「セイバーメトリクス」という
名前がついているくらいだ。

右と左、
どっちに走るのがいいだろう?
テニスの選手にとって、
とても大きな問題のひとつだ。
スタッツを知っていたら、
相手がどっちにむかって
打ってくるか、
予測することができる。

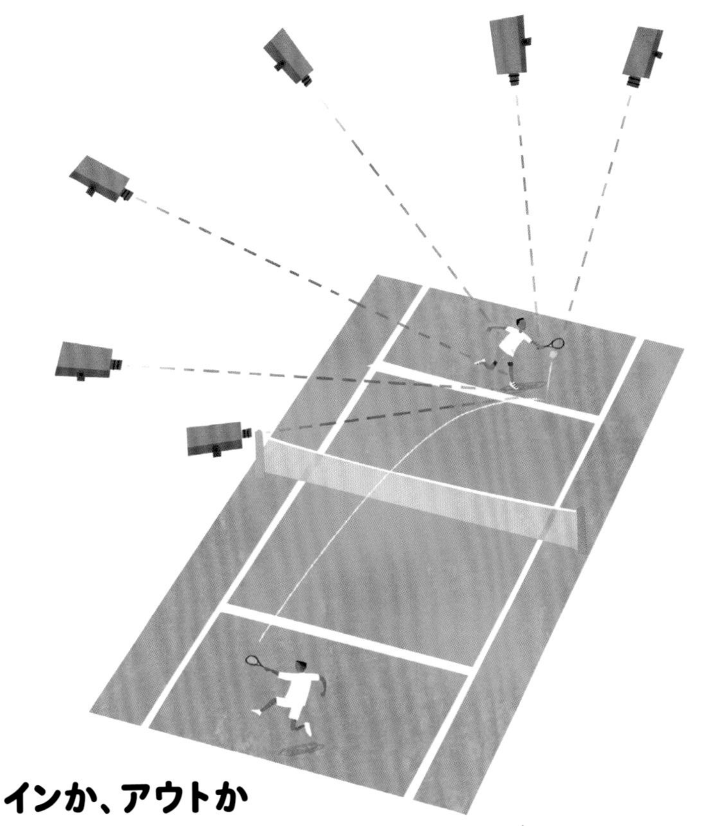

インか、アウトか

テニスのような多くのスポーツでは、ボールのゆくえを追いかけるために「ホークアイ」とよばれるシステムを使っている。何台ものカメラがさまざまな角度から試合を撮影して、三角法（三角形や角度についての数学）をもとに、ボールがインかアウトか見きわめているんだ。

どこまで速くなる？

2009年、陸上選手のウサイン・ボルトが100メートル9秒58という世界記録を出した。
その記録は、いつかやぶられるのかな？
数学的には、きっとそう。
スタンフォード大学の科学者たちによると、人間は9秒48で走れるはずなんだ。

かんぺきな飛びこみ

水泳のレースでだれよりもいいスタートを切りたかったら、角度の勉強をしよう。

自由形レースのばあい、プールにたいして40°で飛びこむ。

平泳ぎのレースのばあい、もうちょっとだけ角度がきついほうがいい。

45°-48°

ぜんぶで何チーム？

スポーツの世界で公平な勝ち抜き戦（トーナメント戦）を組むのはとてもむずかしい。勝ち抜き戦では2人の選手が、ラウンドごとに対戦する。
1ラウンド終わると、選手の数は半分になっている。

みんながおなじ回数プレーするには、それぞれのラウンドの選手の数は偶数でなくてはいけない。そうじゃなければ、だれかがあぶれてしまうからね。
そして、そのためには2の累乗しかうまくいかないんだ。
4、8、16、32……というように。

どうしてだと思う？
2の累乗を半分にすると、かならずまた2の累乗になるからだ。
つまり選手の数を半分にしていけば、さいごには優勝者1人がのこる。

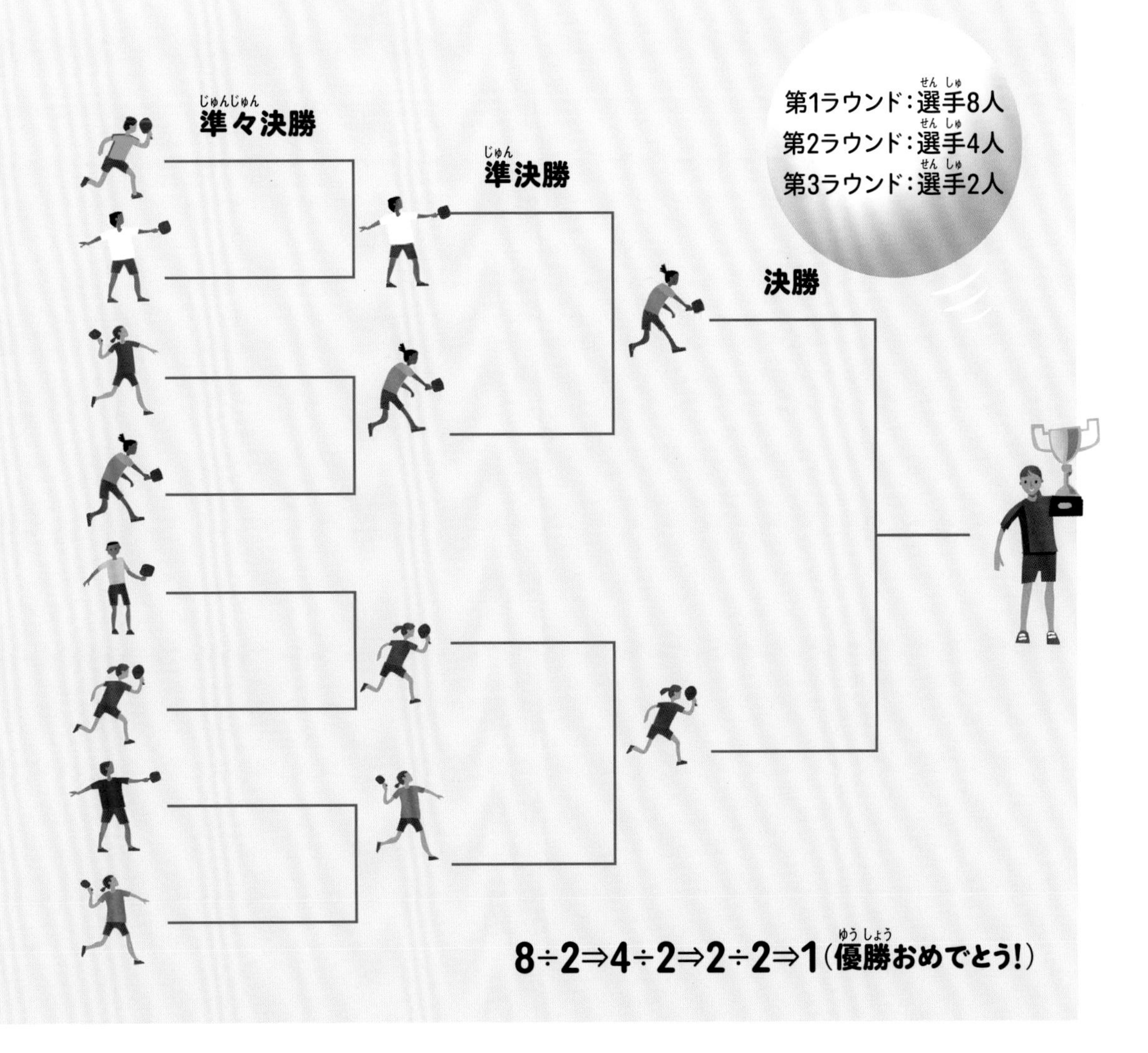

数学おもしろ豆知識

数学がつまらないなんて、だれにも言わせないよ。
数学の世界にはへんてこだったり、
あっとおどろいたりするような話がたくさんあるんだ。たとえば……

ハッピーバースデー!

1つの部屋に23人いたら、そのうち2人がおなじ日に生まれている確率は約50%。75人いたら、そのうち2人がおなじ日に生まれている確率はほぼ100%なんだ。

かんぺきなシャッフル

トランプのカードをシャッフルする(=切る)ときは、7回がいちばん。52枚のカードをだいたい半分ずつの山に分けて、絵のようなやりかたで7回シャッフルしてみよう。カードはたがいちがいにまざっていく。7回シャッフルしただけで、宇宙の歴史がはじまってからだれも見たことのないカードの順番になるはず。そして、おなじ順番は2度と生まれないんだ。

偶数と奇数

古代ギリシャの数学者ピタゴラスの弟子たちは、数には性別があると考えていた。奇数はぜんぶ男の人で、偶数はぜんぶ女の人。そんなのおかしいって？だけど実験をすると、今でもそう考えている人が多いことがわかるんだよ。

分けられるって、だいじ

1つの都市には、何人くらい市民がいるのがいちばんいいだろう？ 古代ギリシャの哲学者にして数学者のプラトンは、きっかり5040人だと考えた。なぜかというと、5040という数には約数がたくさんあるから、分け方もたくさんあるんだ。正確にいうと59通りだ。それだけ約数があったら、5040人の市民を選挙区や委員会とか、小さいグループに分けるときやりやすい。プラトンに言わせると、それはとてもだいじなことだったんだ。

いたずら書きが止まらない!

線1本で紙1枚を、ぎっしりうめつくすことができるんだ。そのための線を「空間充填曲線」とよぶ。
それがふしぎだといわれる理由がわかるかな?
線は1次元で1つの方向にしかのびないのに、
2次元の紙の縦方向と横方向をいっぱいにできるからなんだ。

下の絵の空間充填曲線を「ヒルベルト曲線」という。
かきかたのルールはかんたん。
だけど何回も何回も、くりかえしやらなくちゃいけない。

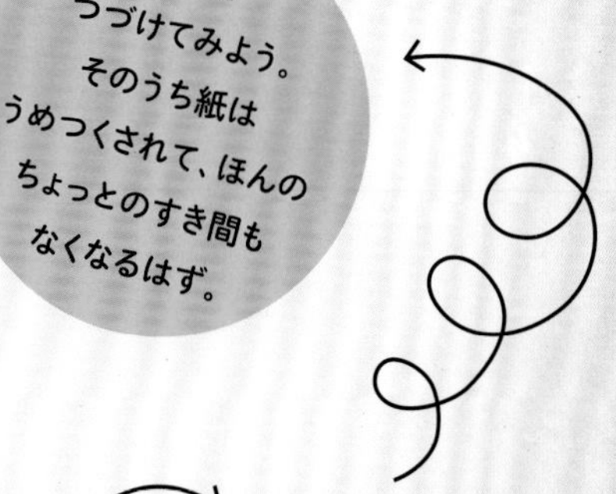

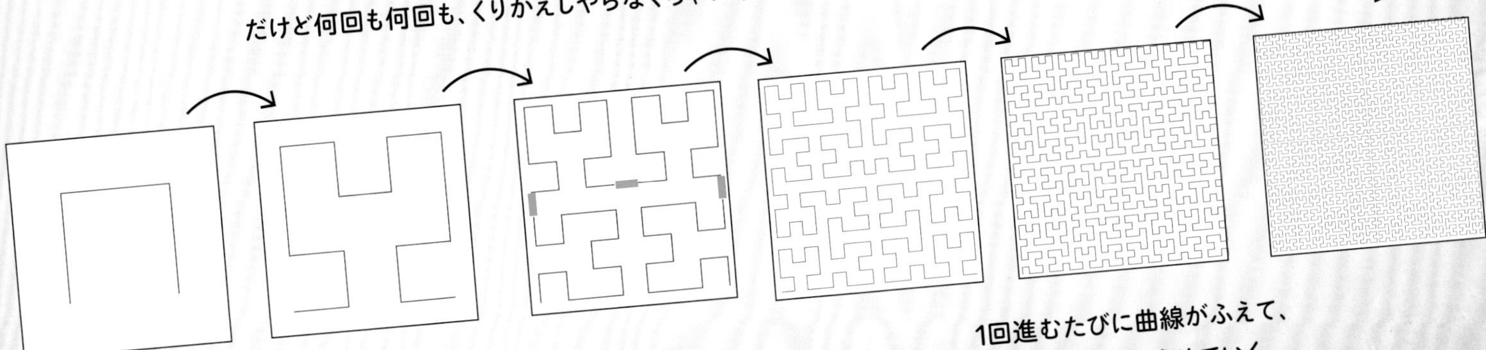

次に進むには、
この形を……

こう変える。

次はこう。

1回進むたびに曲線がふえて、
空間をびっしりうめていく。

天までとどけ!

ふつうの大きさの紙を二つ折りしてみよう。かんたんだよね。
だけど42回、二つ折りしたら、紙の厚さは月にとどいてしまう。
さらに11回折ったら太陽にたどりつく。
103回がんばって折ったら、
厚みは観測可能な宇宙の高さくらいになってしまうんだ。

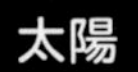

太陽

あと11回

月

二つ折りを42回

地球

ちょっと待って!

ふつうの大きさの紙をそんなに何回も二つ折りするのは、
数学的に不可能。
2002年、ブリトニー・ギャリヴァンという
アメリカの高校生の女の子が、
紙の縦と横の長さと厚みをもとに、
二つ折りできる回数を計算する方程式をあみだした。
たった12回二つ折りするだけでも、
縦の長さが1200mのトイレットペーパーが必要だった。
陸上競技用のトラック3周分だ。
つまり月にたどりつきたかったら、
ものすご～く大きな紙を用意しなきゃいけないんだね。

すこ～しずつ、変化

何かが動いたり、ふえたりへったり、ただじっとしていたりすることには数学がかかわっている。微積分は、変化についていろいろと教えてくれる数学の分野だ。

速さと距離はどれくらい？

車でおばあちゃんの家に行こう。
約束の時間まで1時間、
おばあちゃんの家まで80kmある。
つまり時間にまにあわせるには、
時速80kmでドライブしなくちゃいけない。
でも町の中の速度標識には、
80km以下で走るよう書かれているし、
車のガソリンはなくなってきている。
こうして遅れが出ることを考えると、
約束の時間につくには
どうしたらいいだろう？

時速80kmで1時間ドライブするといっても、
それは「平均して」80kmということ。
もっと速く走れるところがあるなら、
ほかのところはゆっくり走ってもいいんだ。
では、どれくらいのスピードで走り、
いつスピードを上げ下げしたらいいのかな。
これは微分の問題だよ。

微分を使うと、時間がたつにつれて
ものごとがどう変化するかわかる。
ドライブのあいだ、どんなふうに
スピードを変えるか、ときどき止まりながら
どうやって時間までにおばあちゃんの
家に行けるか、計算できるんだ。

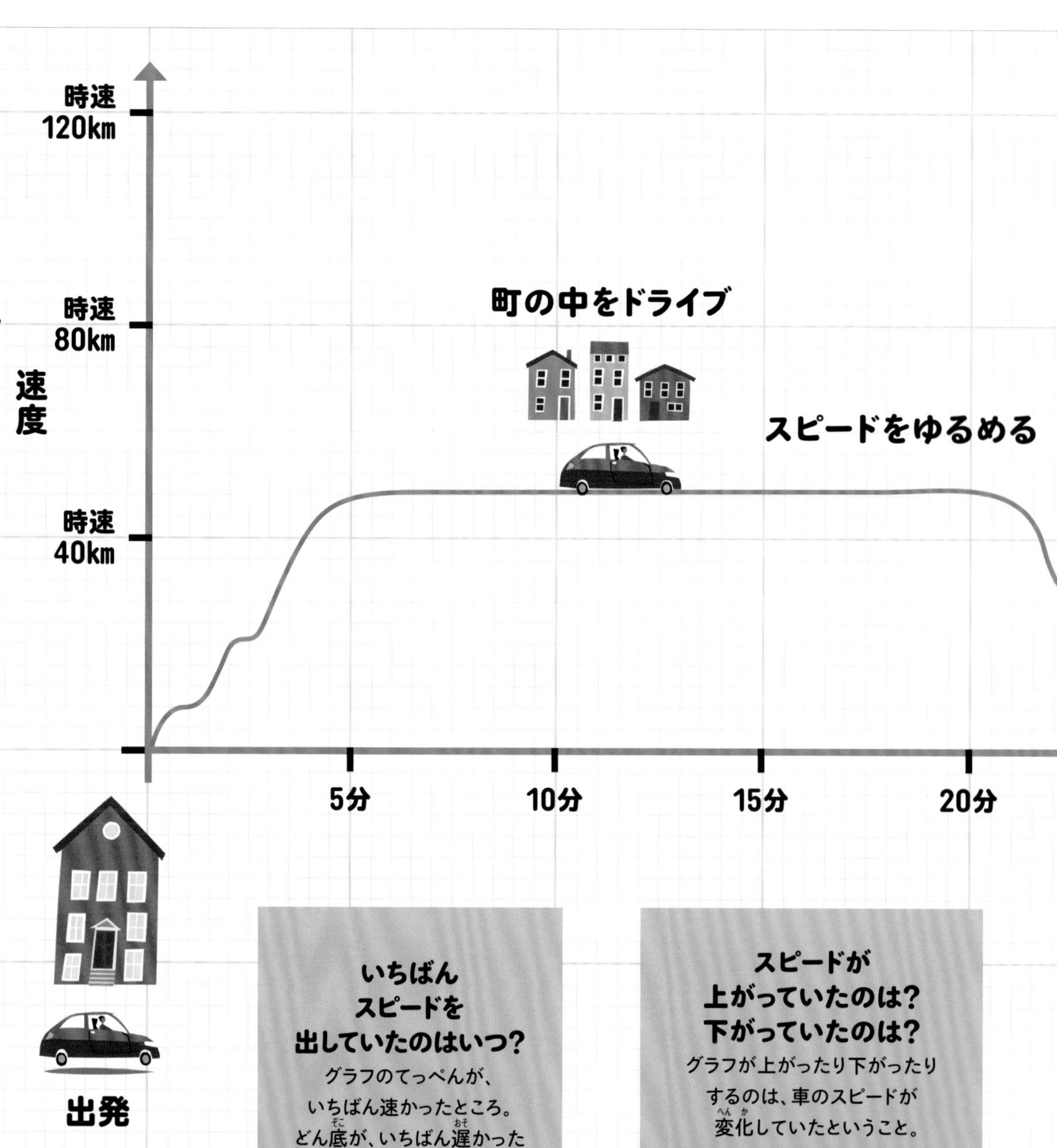

微積分の殿堂

微積分の研究が進んだのは、
ここにいる偉大な
数学者たちのおかげだ。

インドの数学者
サンガマグラーマのマーダヴァ
（**1350年ごろ～1425年**）は、
微積分が正式に「発見」される
何百年も前の人だ。でもその研究には、
現代の微積分で大切だとされる
考え方が数多く
ふくまれていたんだよ。

だれでも知っているイギリスの科学者にして
数学者**アイザック・ニュートン**
（**1643-1727年**）は、
17世紀に微積分を発見していた。
ニュートン自身は
「カルキュラス（微積分）」ではなく
「フラクション（流率法）」と
よんでいた。

変化はいろいろなところにある。そう、微積分も！

微積分は数学のなかでも、とても役に立つ分野。たとえば……

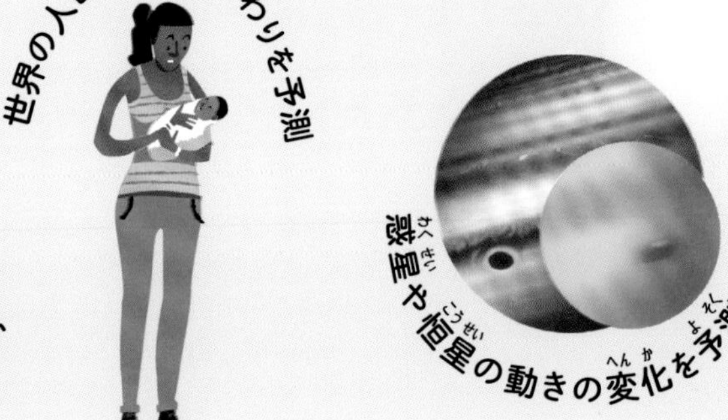

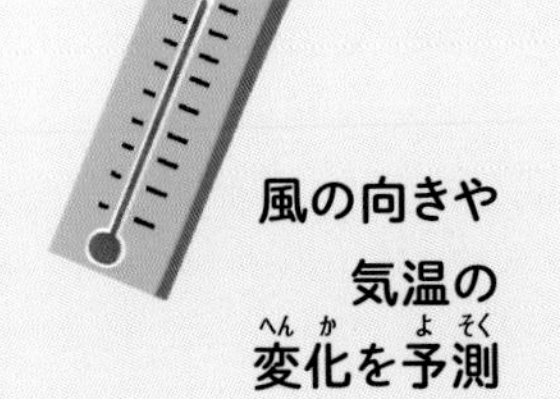

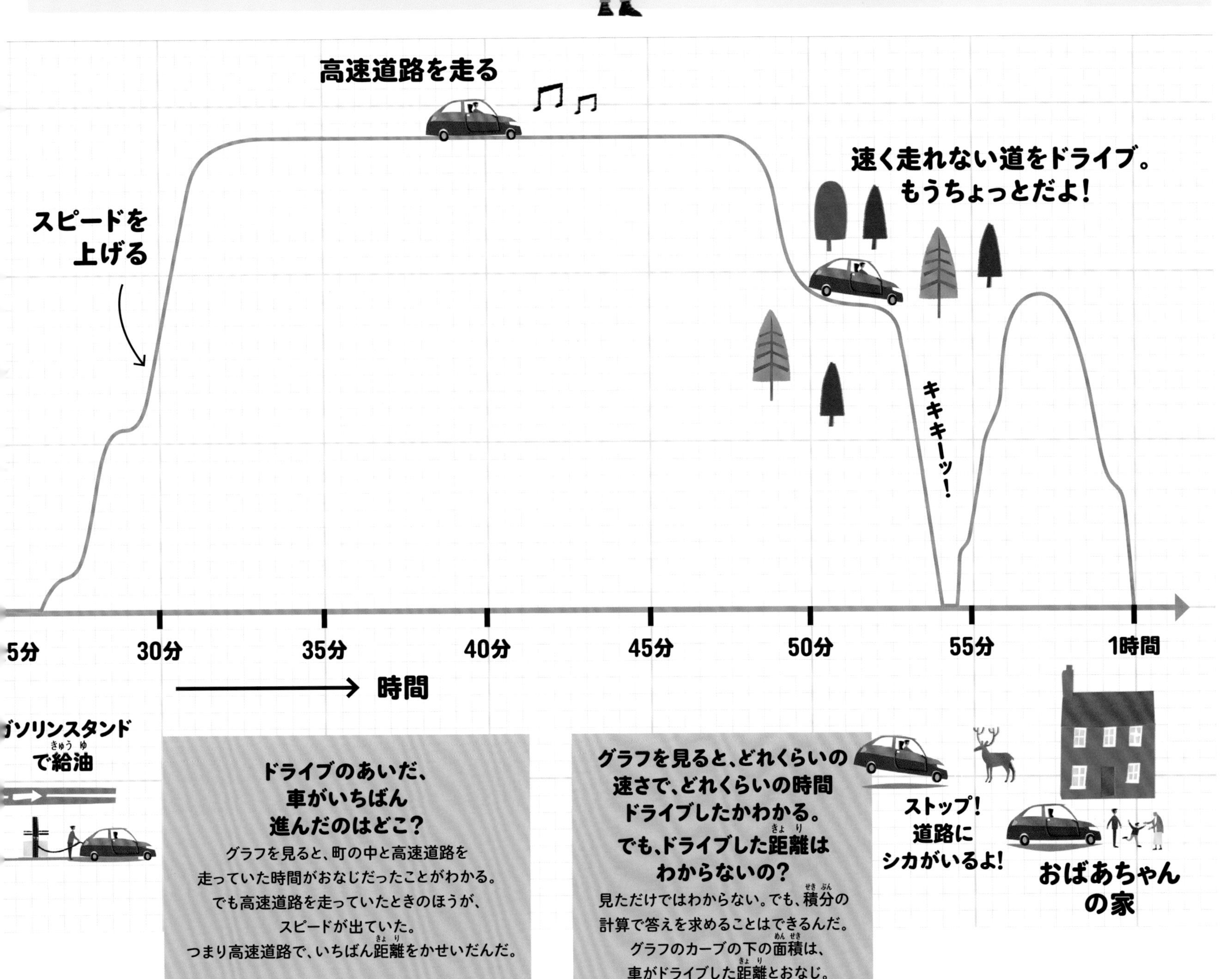

ドライブのあいだ、車がいちばん進んだのはどこ？

グラフを見ると、町の中と高速道路を走っていた時間がおなじだったことがわかる。でも高速道路を走っていたときのほうが、スピードが出ていた。つまり高速道路で、いちばん距離をかせいだんだ。

グラフを見ると、どれくらいの速さで、どれくらいの時間ドライブしたかわかる。でも、ドライブした距離はわからないの？

見ただけではわからない。でも、積分の計算で答えを求めることはできるんだ。グラフのカーブの下の面積は、車がドライブした距離とおなじ。

ドイツの数学者にして哲学者**ゴットフリート・ライプニッツ**（1646-1716年）も、そのころおなじ発見をしていた。どちらも、微積分は自分の思いつきだと言ってゆずらなかったんだ。

スイスの数学者**レオンハルト・オイラー**（1707-1783年）は、微積分の問題を解くうえで重要な方法を見つけた。

イタリアの**マリア・ガエターナ・アニェージ**（1718-1799年）は、女の人として世界ではじめて数学の教科書を書いた。微積分についての教科書だったんだ。

アメリカの数学者**キャサリン・ジョンソン**（1918-2020年）は、NASAで微積分を使って仕事をした。おかげで宇宙飛行士は月に行くことができた。

数学と迷信

きみにはラッキーナンバーがある？　ラッキーナンバーをきめている人は、とても多いよね。世界中の人たちが、いろいろな数を「縁起がいい・悪い」と考えているんだ。

いやな数

4階や13階がない建物を見たことがないかな。飛行機の座席に13列目や17列目がなかったことは？そういったことがおきるのは、「数字のなかには不吉なものもある」と広く考えられているからだ。世界中の縁起がいい・悪い数を見てみよう。

13

いつ、どうして13が不吉な数になったのか、くわしいことはわからない。けれどヨーロッパとアメリカでは、13は縁起が悪いと信じられている。アメリカに住んでいる人のすくなくとも10%が、13はこわいと思っているんだ！13がおそろしくてしかたないという気持ちには「13恐怖症」という名前までついている。

4

ドイツでは4はラッキーナンバー。四つ葉のクローバーは幸運のしるしだ。

偶数と奇数

ロシアでだれかに花束をあげるときは、花の本数をかならず奇数にしよう。花の本数が偶数の花束は、死を思わせて不吉だといわれている。

4

中国では4は縁起の悪い数。広東語の「4（セイ）」が、「死」を意味する言葉と似ているからだ。

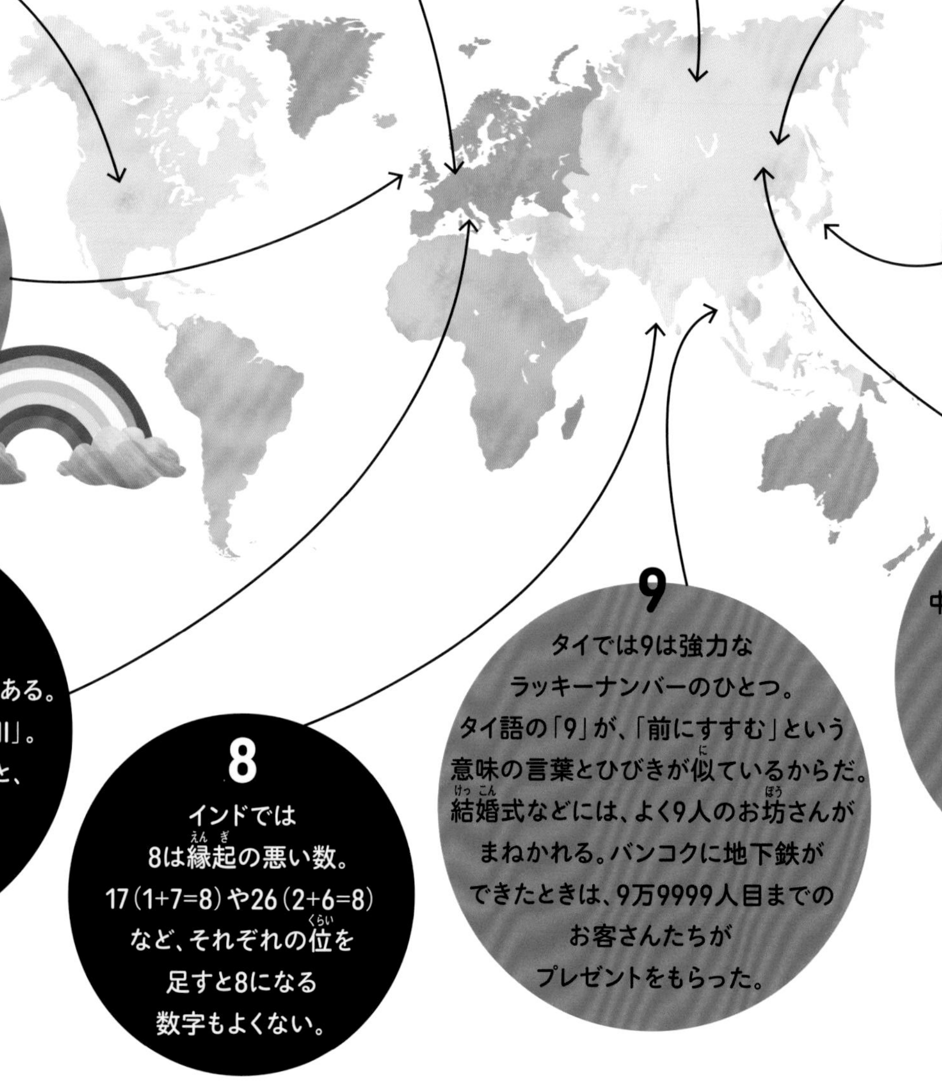

7

アメリカやヨーロッパのいくつかの国では、7はラッキーナンバー。1週間は7日、虹は7色、1つの音階には7つの音。古代の世界には七不思議がある。

9

日本では「苦」を思わせる9は縁起の悪い数。4も「死」に通じるから、広東語とおなじでやっぱり不吉なんだ。

17

イタリアでは、17は不吉だといわれることがある。17をローマ数字で書くと「XVII」。ならべかえて「VIXI」にすると、「人生は終わった」という意味になってしまうんだ。

8

インドでは8は縁起の悪い数。17（1+7=8）や26（2+6=8）など、それぞれの位を足すと8になる数字もよくない。

9

タイでは9は強力なラッキーナンバーのひとつ。タイ語の「9」が、「前にすすむ」という意味の言葉とひびきが似ているからだ。結婚式などには、よく9人のお坊さんがまねかれる。バンコクに地下鉄ができたときは、9万9999人目までのお客さんたちがプレゼントをもらった。

8

中国でいちばん縁起がいい数は、豊かさや幸運をあらわす8。2008年に中国でひらかれた北京オリンピックは、8月8日の午後8時8分に開幕した。

厄年に注意

日本には「厄年」という考えかたがある。男の人はかぞえ年で25歳、42歳、61歳、女の人はかぞえ年で19歳、33歳、37歳のとき、悪いことがいろいろおきるとされるんだ。厄年の前とあとの年も「前厄」「後厄」といって、あまりよくない。30代の女の人はたいへんだ！

おそろしい数

紀元前520年ごろ、古代ギリシャの数学者ヒッパソスがとんでもない発見をした。2の平方根（ルート）は整数にならず、分数にさえならないんだ。2の平方根のような数は、今では「無理数」（分数であらわせない数）とよばれる。ヒッパソスはピタゴラス教団という古代ギリシャの宗教的な集まりに入っていて、この教団の人たちはひどく迷信深かった。宇宙は整数と分数にもとづいて、きちんと整理されていると信じていたんだ。無理数というものがあるなんて、とても受け入れられなかったんだね。みんなヒッパソスの発見にすっかりおびえて、かわいそうな数学者をおぼれ死にさせてしまったという。

数学者の「幸運数」

7はラッキーセブン、9や31も縁起がいいと思っているきみは数学者と気があうはず。数学者にとって、この3つの数はぜんぶ「幸運数」といわれる数なんだ。幸運がやってくるからではないよ。下のやりかたの最後にのこる数字だからなんだ。

1. 1から順番に整数をならべる

1	2	3	4	5	6	7	8	9	10	11	12	13	14	15	16	17	18	19	20	21	22	23	24	25	26	27	28	29	30	31	32	33

つづく

2. 1つおきに数字を消していく。奇数だけのこった

1		3		5		7		9		11		13		15		17		19		21		23		25		27		29		31		33

3. 1の次の数字は3なので、のこっている数字を3つごとに消していく

1		3				7		9				13		15				19		21				25		27				31		33

4. 3の次の数字は7なので、のこっている数字を7つごとに消していく

1		3				7		9				13		15						21				25		27				31		33

5. 7の次の数字は9なので、のこっている数字を9つごとに消していく

1		3				7		9				13		15						21				25						31		33

そのくりかえし。消されずにのこった数字は「ラッキー」なんだ！

びっくり定理、大集合

ココナッツの実に生えた毛をとかしたら、どうなるのかな？
そんなことを考えたりするきみには、このページがぴったり。
数学者はふしぎな証明をすることがあるんだ。

毛玉の定理

どんなにていねいに髪の毛をとかしても、
どこか1か所はツンと立ってしまう。
そんなことが起きるのは
「毛玉の定理」のせいだ。
びっしり毛の生えた
丸いものをとかしたとき、
ぜんぶが平らになることはないんだ。
ココナッツの実でも、丸くなったハリネズミでもおなじ。
ただし毛の生えたドーナツなら、かんぺきにとかすことができる。

ハムサンドイッチの定理

サンドイッチパン2枚とハム1枚が、宇宙をふわふわ飛んでいる。
はらぺこの宇宙飛行士2人は、サンドイッチをぴったりはんぶんこしたい。
でも切るのは1度だけ。うまくできるかな？ 答えは「できる」。
そういえるのは「ハムサンドイッチの定理」のおかげだ。
こんなこと、あたりまえだと思う？ じつはそうじゃないんだ。
パン2枚とハム1枚は、宇宙のどこを飛んでいてもおかしくないし、
はなればなれのところにあるかもしれない。
それでも宇宙飛行士が1回だけ（とても、とても長い）ナイフで切って、
はんぶんこにすることはできるんだよ。

四色定理

アメリカの地図に色をぬってみよう。
ただし、となりあった州を
おなじ色でぬってはいけない。
使えるペンの色は4色だけ。
それじゃ、できないって？
できるんだよ。
四色定理によると、となりあった場所が
おなじ色にならないようにぬるには、
どんな地図でも4色あればいいんだ。

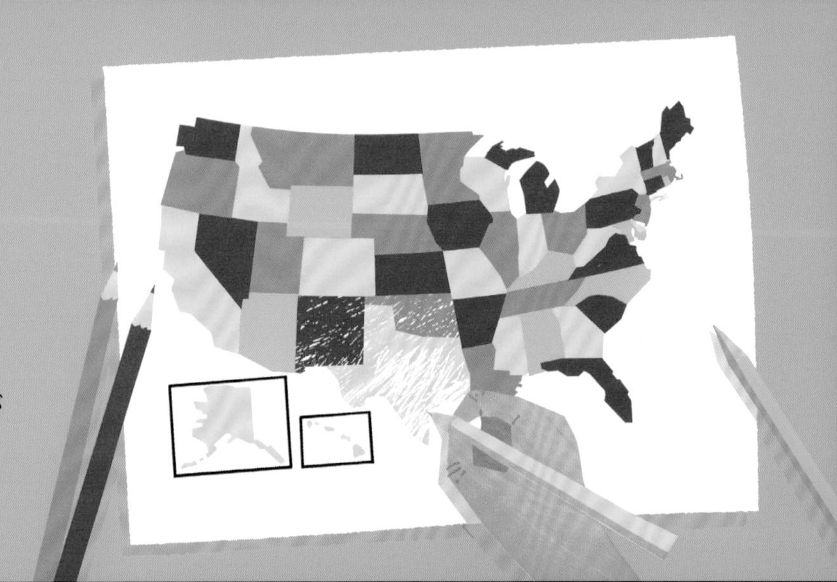

一刀切り定理

はさみで紙を1回切るだけで、辺がまっすぐな形ならどんなものだって作れる。
まず、紙を正しく折らなくちゃいけないけどね！ このびっくりするような話を「一刀切り定理」という。
四角形や五角形のようなかんたんな形はもちろん、ゆがみのない星、
チョウチョ、アルファベットだって作れるんだ。きちんと紙を折って、たった1回切るだけで。

星の作りかた

1. 長方形の紙を2つ折りにする。
右がわが開くようにして置く。

2. 上の辺のまんなかに
合わせるようにして、
左下の角を折り上げる。

3. 赤線の辺を
折り上げる。

青線に合わせて
折り目をつける。

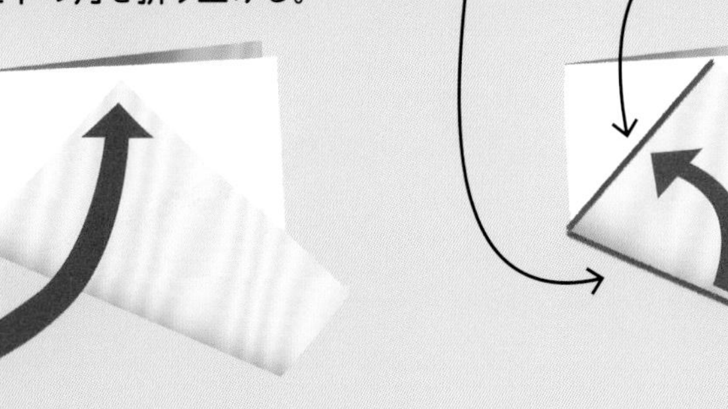

4. 青くぬられた部分を
裏にむかって折る。

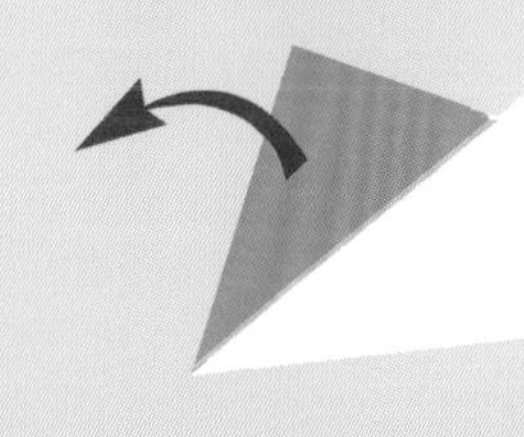

5. 点線にそって切る。

6. 小さいほうの紙を広げてごらん。
星ができた！

証明できるかな？

定理とは、正しいとされている数学的な事実のこと。数学の専門家は数学的な
論理や「証明」を使ったりしながら、定理が真であることをしめすんだ。
証明は文章や記号でもいいし、ただの絵でもいいんだよ！

世界一長い証明は、2013年にスーパーコンピュータが生みだした。
あんまり長いから、人間が読むには100億年かかってしまう。

右のかんたんな2つの図があれば、
世界でいちばん有名な定理「ピタゴラスの定理」が証明できる。
定理によると、上の図の白い正方形2つの面積の和は、下の図の大きな白い正方形の
面積に等しいんだ。2つの図がどうやってそれを証明しているか、わかるかな？

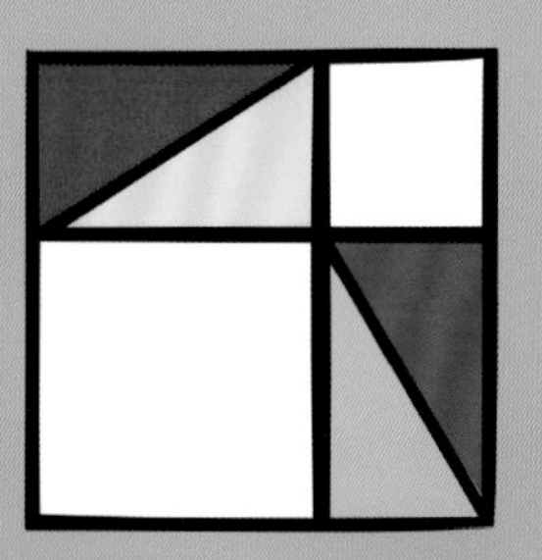

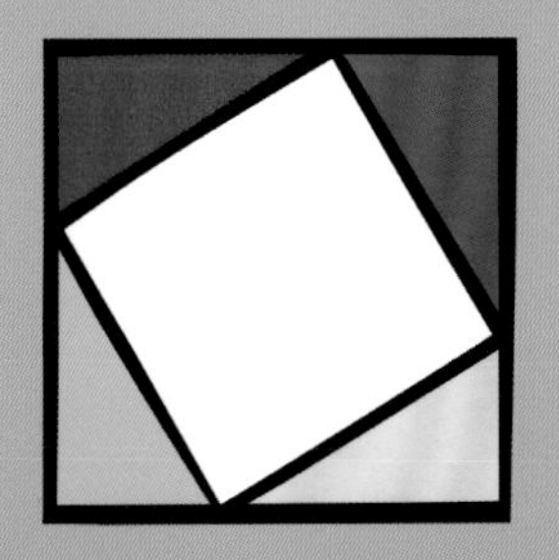

パラドックスいろいろ

パラドックスとは矛盾しているように見えたり、どう考えてもおかしかったりする文章や式などのこと。
数学のふしぎな世界には、つじつまが合わなかったり、
へんてこだったりするのに、じつはちゃんと説明できることがたくさんあるんだ。

ありえない競争

むかしむかし、古代ギリシャでカメが英雄アキレスに100メートル競走をもちかけた。ばかばかしいと思うよね。アキレスはカメの2倍、足が速いのに。ところがカメに言わせると、20mのハンデをもらえたら勝てるんだって。あんまり自信たっぷりだから、アキレスは競争する前に降参してしまった。カメの説明はこうだった。

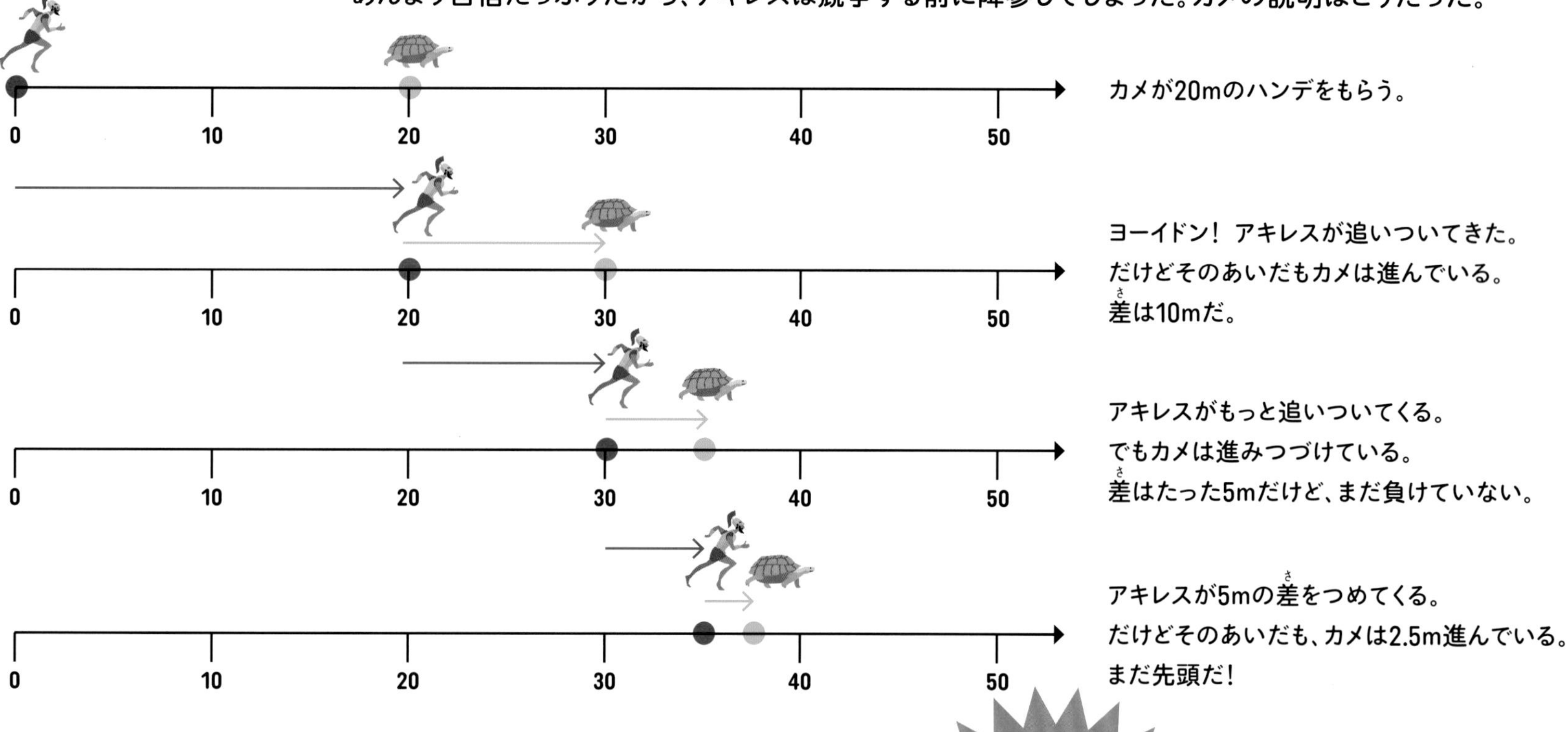

カメの言うとおりなら、アキレスはカメの2倍速く走れるのに、
ぜったい追いつけないことになってしまう。
追いついたはずなのに、カメはちょっとだけ先に進んでいるんだ。

ほんとに？
なんだか
おかしいよ！

解決！

この有名な話は、問題を作ったギリシャの数学者ゼノンにちなんで「ゼノンのパラドックス」とよばれている。カメの言うことは筋が通っているようだけれど、競争の説明にはぜんぜんなっていないよね。じっさいのところ、アキレスが差をつめて、カメがちょっと進むたびに、2人のあいだの距離はちぢんでいく。そして差をつめるのにかかる時間も短くなっていくんだ。微分を使えば、やがて時間はかからなくなり、アキレスがカメを追いこすことがわかる。

アキレスがどんなふうに勝つのか、考えてみよう。
方法のひとつは、それぞれがゴールするのにかかる時間をくらべること。アキレスはカメの2倍足が速いから、カメが50m走るあいだに100m走れる。つまりアキレスは、まだカメがのこり30mの地点にいるときにゴールしてしまうんだ。

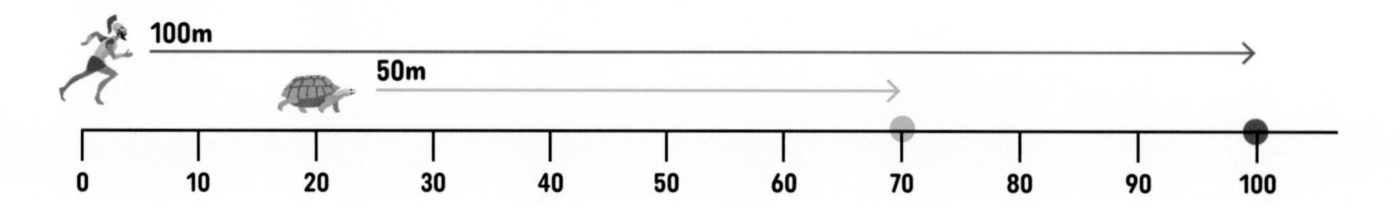

消えたタイル

このパズルは「目で見るパラドックス」として、とてもよくできている。
図の色つきタイルをならべかえると、一部が消えてしまうように見えるんだ。

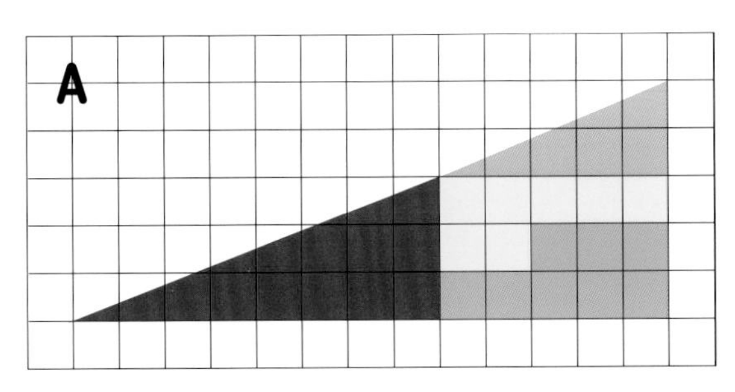

4つのパーツを組みあわせて、高さは正方形のタイル5個、横は13個の三角形を作る。

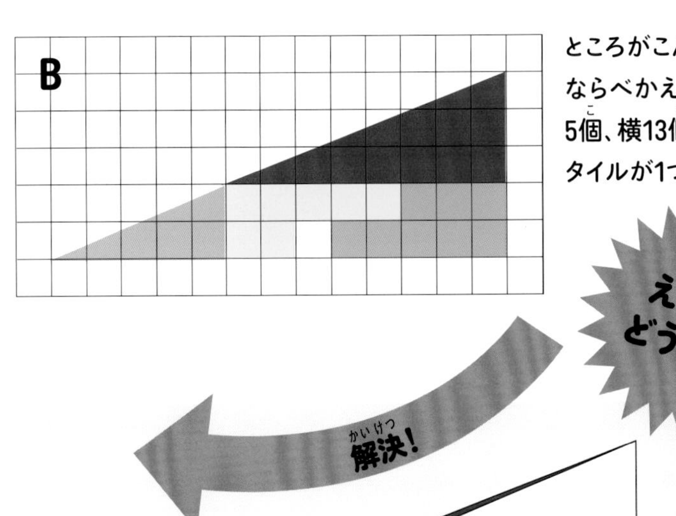

ところがこんなふうにならべかえると、おなじ高さ5個、横13個の三角形なのに、タイルが1つ消えてしまう。

ええっ、どうして？

解決！

数学の力でパラドックスを解いてみよう。
上の2つの「三角形」は、じつは三角形じゃないんだ。
三角形みたいに見えるけれど、いちばん長いななめの辺（「斜辺」という）は直線ではない。Aの図では、斜辺はほんのちょっとだけへこんでいる。
でもBの図では、少しでっぱっている。

＝

2つの三角形のちがいは小さく見えるけれど、じつはタイルが1つうまるくらいの差があるんだ。

男の子、女の子？

お父さんとお母さん、そして子どもが2人いる。

この問題を「2人の子ども問題」といって、確率の知識を使うと解ける。

2人の子どもの組みあわせは4種類ある。

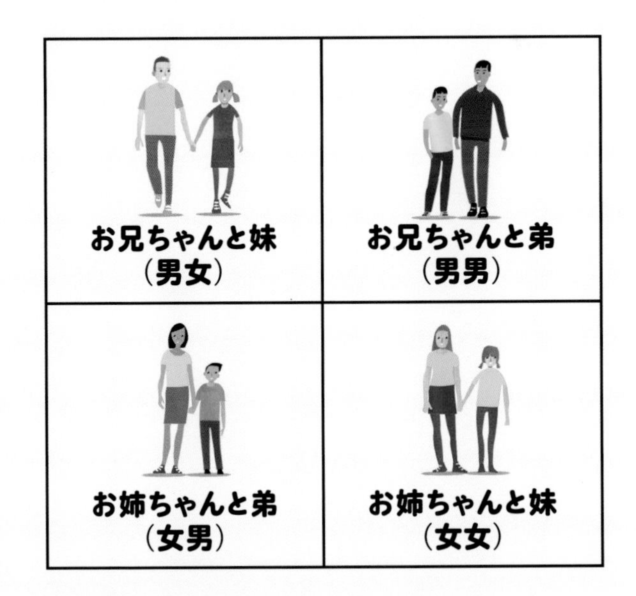

直感にたよると「2分の1」と答えたくなる。
だって、子どもは男の子か女の子のどっちかなんだから！
でもじっさい、もう1人の子も男の子である確率は3分の1なんだ。

そんなの、話がおかしいよ！
そう、これはパラドックスなんだ。

解決！

男の子が1人いるのはわかっているから、「女女」という組みあわせは消してしまっていい。
すると3つの組みあわせがのこる。男男、男女、女男だ。
そのうち2つ（男女と女男）のばあいは、もう1人の子は女の子だ。つまり、なぞのもう1人の子が女の子である確率は3分の2、男の子である確率は3分の1なんだ。

確率はどれくらい？

確率を研究する数学者は、たくさんの可能性について想像する。でも、じっさいどれくらい起きるのかな？

コインなげをしてみよう。

1回なげたら、裏と表が出る確率が半々なのはすぐわかるよね。でも10回なげたら、どうなるだろう？
下の3つの列は、コインをなげてみた結果。
このうち1列はほんとうになげてみたのだけど、のこり2列はでっちあげなんだ。どれがほんとうかわかるかな？

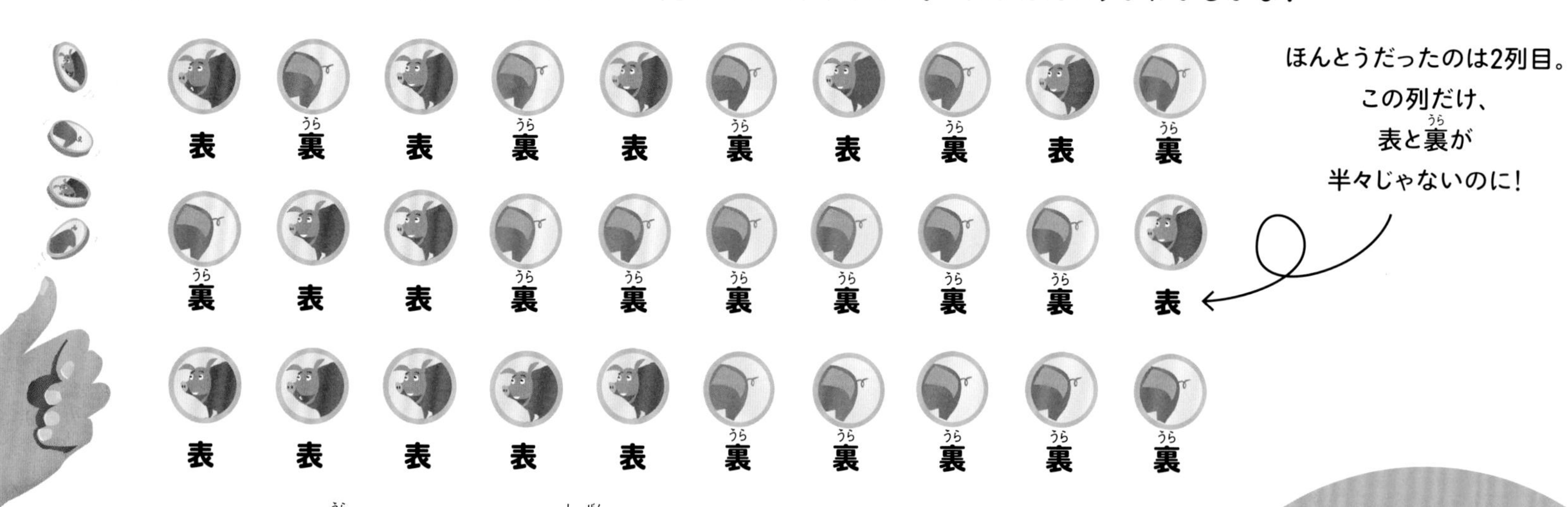

コインなげを10回したら、表と裏が5回ずつ出るのが自然に思えるかもしれない。
でもじっさいは、そうじゃないんだ。5回ずつ出るのは、せいぜい25%くらいなんだよ。

正直なサイコロ

サイコロ遊びで「ずる」が起きないためには、どの目が出る確率もぴったりおなじでなくてはいけない。つまりそれぞれの面の大きさと形がおなじで、つりあいがとれていなくてはいけないんだ。世界一大きなサイコロには120の面がある。六方二十面体というんだ。

ラッキーセブン

7という数は、いちばんラッキーだと広く信じられている。2つのサイコロをふって運だめしをすると、両方の目の和が7になることがいちばん多いからなんだ。

7になる組みあわせは6種類ある。

1と6

6と1

2と5

5と2

3と4

4と3

12になる組みあわせは1種類しかない。

6と6

2つのサイコロをふって出る組みあわせは合計36種類。
そのうち6種類は、足すと7になる。36分の6（6分の1）の確率だ。

確率はどれくらい？

雷にうたれる確率と、100歳まで生きる確率はそれぞれどれくらい？
どんなことなら起きる可能性が高くて、どんなことなら低いのかな。

一生のうちに隕石にうたれる確率

20兆分の1

宝くじが当たる確率

だいたい4500万分の1。
でも2018年、アメリカの宝くじ「メガ・ミリオンズ」で10億ドル（約1105億5600万円）が当たる確率は8京8000兆分の1だった！

1年のうちに雷にうたれる確率

70万分の1

どっちのドアにする？

クイズ番組のはじまり、はじまり！

1〜3番のドアのどれか1つをあけて、賞品をもらおう。そのうち1つのドアのむこうには、ぴかぴかのあたらしい自転車。でも2つのむこうには、手押し車しかない。きみは1番のドアを選ぶ。

クイズ番組の司会者は、きみが選ばなかった2つのドアのどちらかをあけてみせる。そこにあるのは手押し車。きみは1番のドアから、べつのドアに変えてもいい。さあ、どうする？1番のドアのままにするか、選びなおしてみる？

これは「モンティ・ホール問題」という、よく知られた確率の問題なんだ。もし「べつにいいや、1番のドアのままにしても、べつのドアを選んでも、自転車が当たる確率は2分の1だよね」と思ったなら、そう考えるのはきみだけじゃない。多くの数学者をふくめて、ほとんどの人はそう結論するんだ。だけどじっさいは、ドアを選びなおしたほうが有利。そうすると、自転車が当たる確率は3分の2になる。でも、どうして？

下の表には、3つのドアのむこうに2台の手押し車と1台の自転車があるばあいの、3つのパターンがかかれている。3つのうち2つで、ドアを選びなおすと自転車が当たる。

サヴァントの解答

アメリカの雑誌のコラムニスト、マリリン・ヴォス・サヴァントは1990年にモンティ・ホール問題を解いた。ところがおおぜいの人たちから「答えがまちがっている」という手紙がとどいたんだ。そのなかには数学者もいたけど、サヴァントはゆずらなかった。そして答えは合っていた！

	1番のドア（きみが1回目に選んだドア）	2番のドア	3番のドア	司会者がドアをあけて手押し車があったのは	1番にしたままの結果	選びなおしたときの結果
パターン1				2番のドア	手押し車が当たる	3番のドアに変える→自転車が当たる！
パターン2				3番のドア	手押し車が当たる	2番のドアに変える→自転車が当たる！
パターン3				2番あるいは3番のドア	自転車が当たる！	2番あるいは3番のドアに変える→手押し車が当たる

四つ葉のクローバーが見つかる確率

葉っぱが4枚ある幸運のクローバーは、だいたい1万本に1本。

100歳まで生きる確率

今、イギリスかアメリカにいる赤ちゃんなら、だいたい5人に1人。

1年のうちに虫を食べる確率

100%。だいたいの人は、毎年食べものにまじった虫のかけらを198gほど食べているとされる。そんなの、いやだって？でも、どうしようもないんだよ。

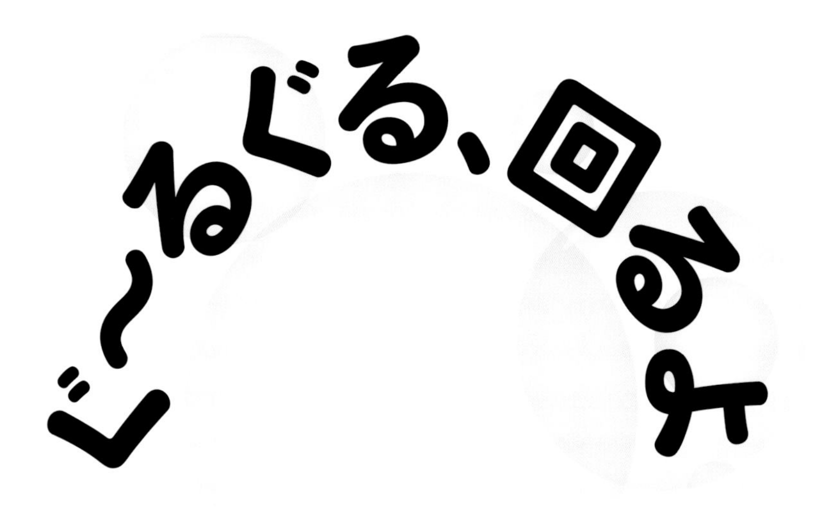

丸くないのに転がるタイヤがあるんだって。
穴をあけずに裏がえしにできるボールも！
数学の世界にいると、頭がぐるぐるしてこない！？

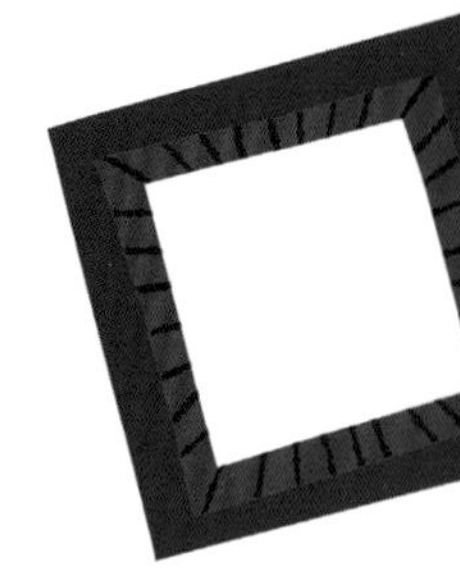

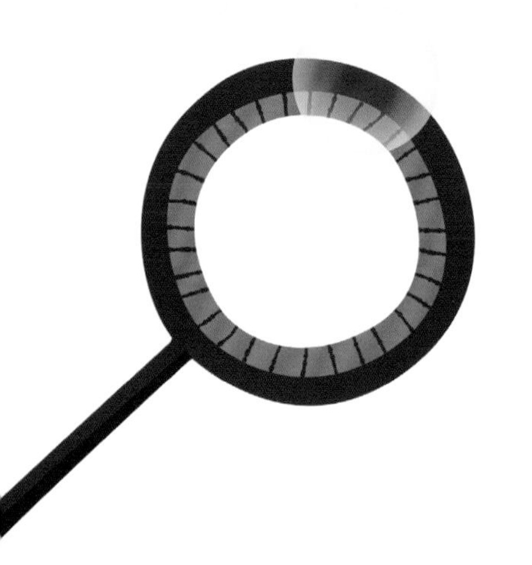

どうして、しゃぼん玉はいつも丸いの？

三角形や四角形の吹き棒を使っても、
出てくるしゃぼん玉はかならず丸い。
どうしてだと思う？

しゃぼん玉の石けん水の膜は、
はじけないようにしながら、
できるだけたくさん空気の入る形を作りたい。
表面積は小さいのに、
体積は大きいものってなんだろう？
球体なんだ。
おなじ石けん水の膜でも形がちがったら、
中の空気はもっと少ないんだよ。

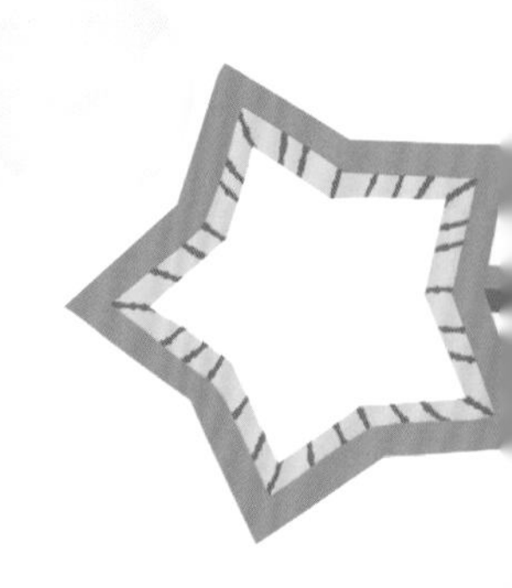

重なりあう円

円を重ねてそれぞれの集まりの関係をあらわしたものを「ベン図」という。
たとえば「赤い食べもの」と「くだもの」の関係をベン図であらわすと、こんなふうになる。

赤い食べもの　**くだもの**

2つの集まりが重なったところが
「赤いくだもの」。
食べたくなっちゃうね！

とうがらし、
ラディッシュ

いちご、
さくらんぼ、
ざくろ、
ラズベリー

青いりんご、
バナナ、
パイナップル、
キウイ、
オレンジ

ベン図をかくときは、
重なるはずの部分は
すべて重なるようにする。
たとえ、その重なる部分に
あてはまるものがなくても。
そして対称でなくては
いけないんだ。

2つか3つの円でベン図をかいたことは
あるかもしれない。でも4つはどうかな？
たぶん、ないよね。それは「できない」から。
4つの円をかいて、重なるはずの部分を
すべて重ねることはできないんだよ。
たとえば下の図では、赤と青の円だけ、
黄色と緑の円だけが重なっているところがない。

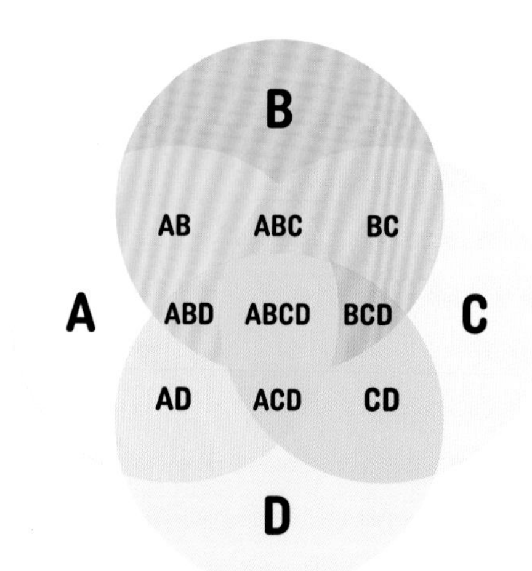

ころころ、ころりん

丸くなければ転がれないというわけじゃない。ふしぎだね!

重なった3つの円の中心にできる形を「ルーローの三角形」という。
三角形とおなじように角は3つ、辺も3つ。
でも、どこから測ってもはばが変わらないのは円とおなじなんだ。そして、転がるんだよ。

だったら、円のかわりにルーローの三角形を車輪に使えないかな?

ルーローの三角形

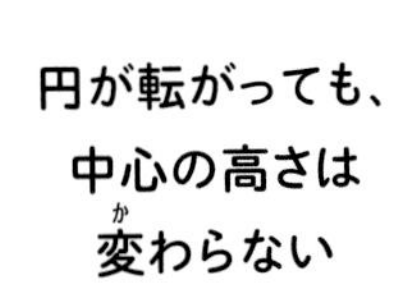

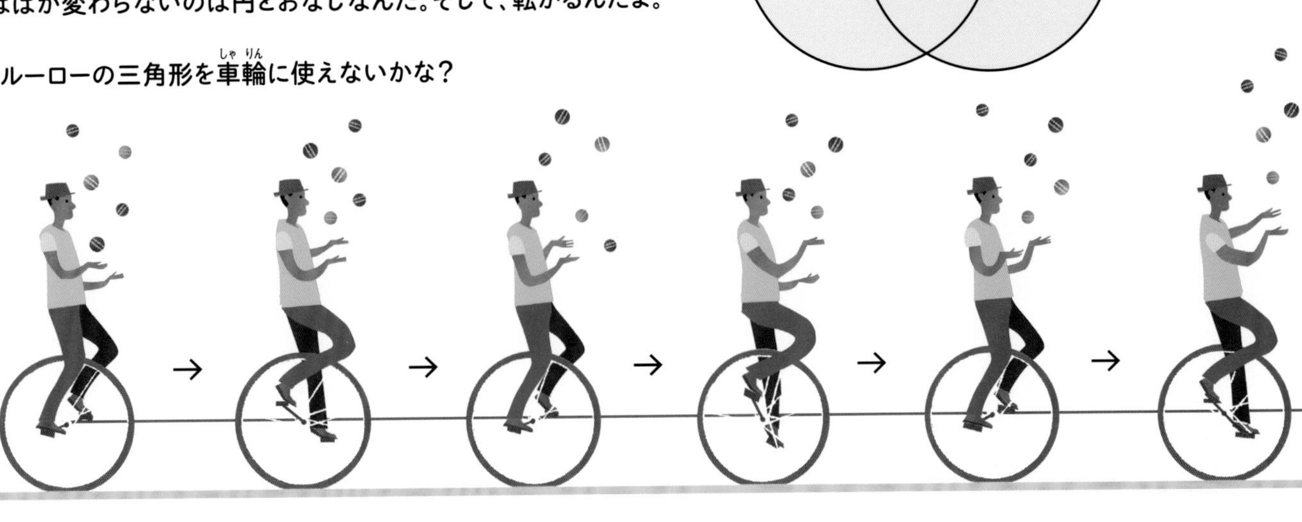

でもルーローの三角形が
転がるときは、
中心の高さが動くんだ。
がたがたして、
乗りづらいね!

ただし4つの楕円形を使って、ベン図のような図をかくことはできる。(対称じゃないのが気にならなければ)

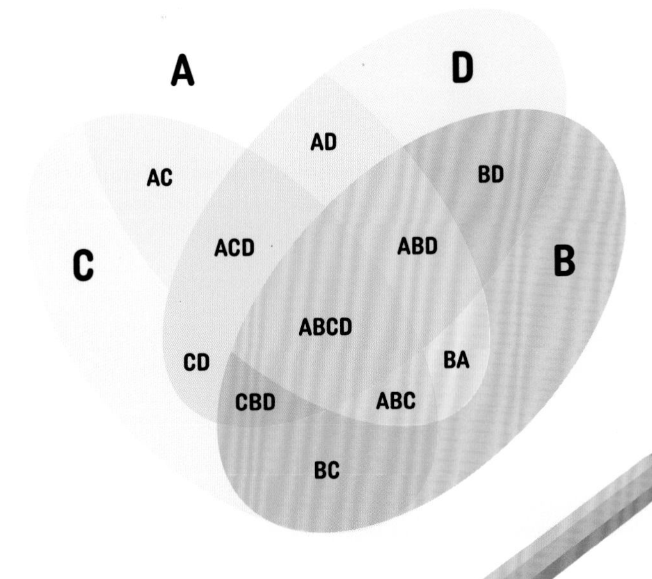

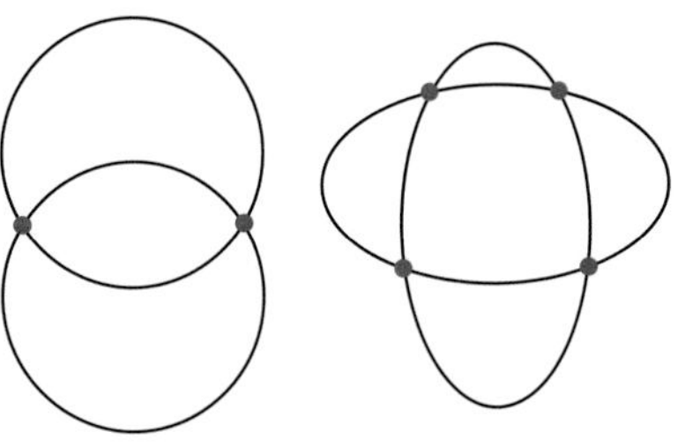

理由はかんたん。
2つの楕円形は、
4つの点が生まれるように
重ねられるんだ。
でも2つの円では、
どう重ねてもできない。
やってごらん!

裏は表、表は裏

とってもふしぎな話。
ボールや風船といった球体はみんな、
切ったり、やぶったり、
穴をあけたりしなくても裏がえしにできるんだ。
少なくとも、数学的にはね。
ほんもののボールではむりだから、
数学的なボールを思いうかべてみよう。
このことは「スメールのパラドックス」と
いって、想像するのがむずかしい。
だからそのからくりをしめすだけでも、
大きな数学的進歩
だったんだ。

数学の未解決問題

**数学の世界には、たくさんの未解決問題がある。
数学者を長いあいだなやませてきたこれらのふしぎな問題を、
きみが解決に近づけることはできるかな？**

かならず1にもどってくる？

正の整数を1つ選んでみよう（小数や分数、負の整数はだめ）。偶数なら、2で割ってみる。
奇数なら、3をかけて1を足す。そのくりかえし。どうなると思う？

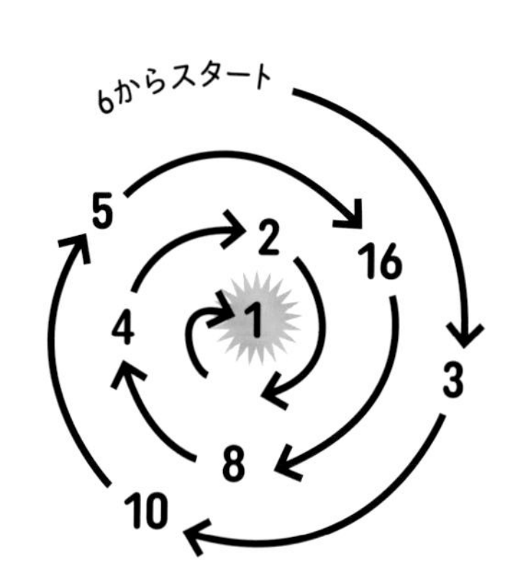

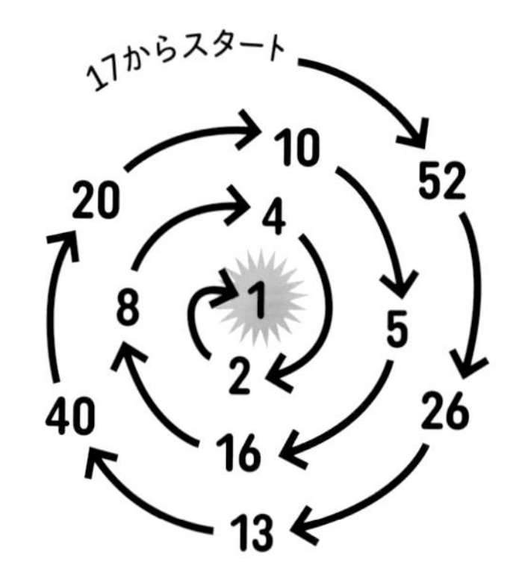

どんな数からはじめても
（3でも189でも346億8593万2110でも）、
さいごはかならず1になる。
でも、その理由はよくわからないんだ。

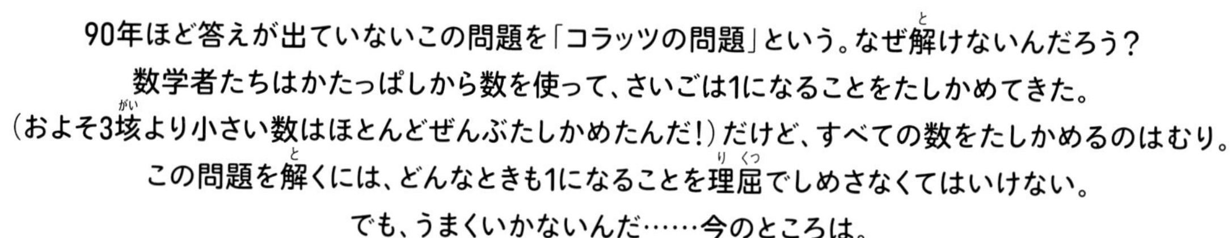

90年ほど答えが出ていないこの問題を「コラッツの問題」という。なぜ解けないんだろう？
数学者たちはかたっぱしから数を使って、さいごは1になることをたしかめてきた。
（およそ3垓より小さい数はほとんどぜんぶたしかめたんだ！）だけど、すべての数をたしかめるのはむり。
この問題を解くには、どんなときも1になることを理屈でしめさなくてはいけない。
でも、うまくいかないんだ……今のところは。

素数問題

2より大きな偶数はすべて、素数2つの和になる。ほんとうかな？

この未解決問題を「ゴールドバッハの予想」という。
小さな数を使って、自分でたしかめてみよう。

8 = 3 + 5

42 = 5 + 37, 11 + 31, 13 + 29, 19 + 23

数が大きくなると、たしかめるのはどんどんむずかしくなる。
じっさいやってみるのでは、答えは出ないんだ。
問題が生まれたのは約300年前。
ゴールドバッハ予想は、いちばん古い数学の未解決問題のひとつだ。

100万ドル問題

2000年、アメリカのクレイ数学研究所が、これから1000年のあいだに数学者が解くべき7つの最も重要な問題を選んだ。「ミレニアム懸賞問題」というんだ。解いた人には、1問につき100万ドルの賞金が出る。

7つのうちの1つ「ポアンカレ予想」は、2年のうちにロシアの数学者グリゴリー・ペレルマンが解いてしまった。でもほかの数学者たちが、ちゃんと解けたとなっとくするのに4年かかったんだ！ そしてなんと、ペレルマンは100万ドルの賞金をもらわなかった。

1つ解決。のこりは6つ……

もつれた問題

「結び目理論」の専門家たちは、何を研究していると思う？
そう、結び目だ。

「結び目理論」では、切らなければぜったいにほどけない1本の輪っか（数学ではこれを「結び目」という）と、切らなくてもほどける輪っかを区別する。結び目理論の研究者は結び目を前にして「これは切らないとほどけないのか、それともほどけるのか」と考えているんだ。

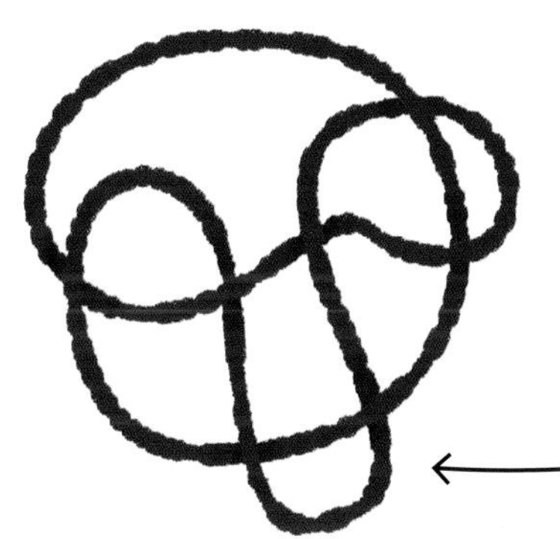

この結び目はほどけるだろうか。
なんだか、ずいぶんもつれているみたい？
そのとおり。この結び目はどんなにがんばっても、
輪っかを切らないかぎりほどけない。

今のところ、結び目理論の研究者はアルゴリズムを使って、結び目とそうでないものを区別している。でも結び目がややこしくなるにつれて、アルゴリズムはどんどん長くなり、ついに長すぎて役に立たなくなってしまうんだ。
結び目理論の研究者が探しているのは、そこまで時間のかからないアルゴリズム。
でも、まだできていない。
これから解かなきゃいけない問題なんだ。

ゲームざんまい!

ゲームをおもしろくするのは?
そう、数学だね。
作るのも、遊ぶのも、友だちに勝つのも、
数学を知っているともっと楽しいよ。

そして答えは……

数学の問題には答えがある。じゃあ、ゲームはどうだろう?
数学的に「解く」ことのできるゲームもあるんだ。

プレーヤーがミスをしないかぎり、
ゲームがどう進んでいくか数学的にいつも予測できるなら、
そのゲームは「解けた」ということ。
偶然がはたらくすきがなく、はっきりしたルールがあり、
勝ち負けが数学的にみちびきだせるゲームなら解けるはず。
ただし、なかにはとてもふくざつで、
解けるはずなのにまだ解けていないゲームもある。

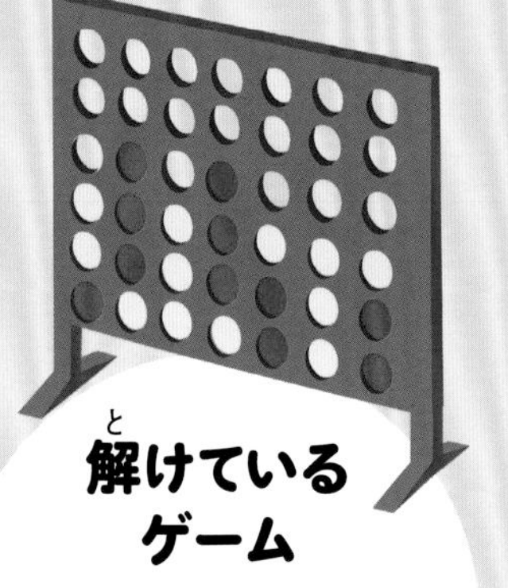

解けているゲーム

○×ゲーム
コネクト・フォー
(四目ならべ)
チェッカー

解けるはずのゲーム

チェス
囲碁

囲碁は世界一古い
ボードゲームかもしれない。
4000年くらい前に中国で生まれたんだ。

○×ゲーム

○×ゲームで
負けたくなかったら、
ミスに気をつけるよりも、
右のルールだけ
守ってごらん。

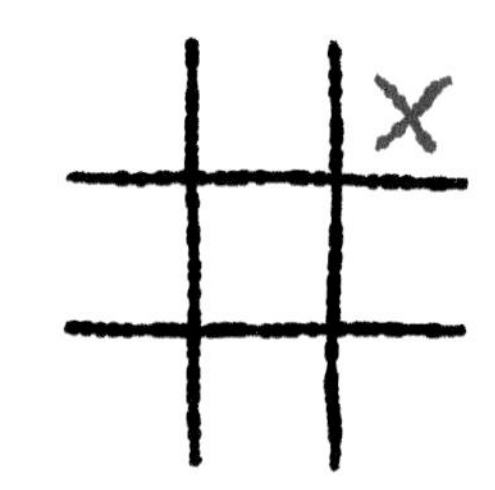

先手になったら、
すみっこをとる。

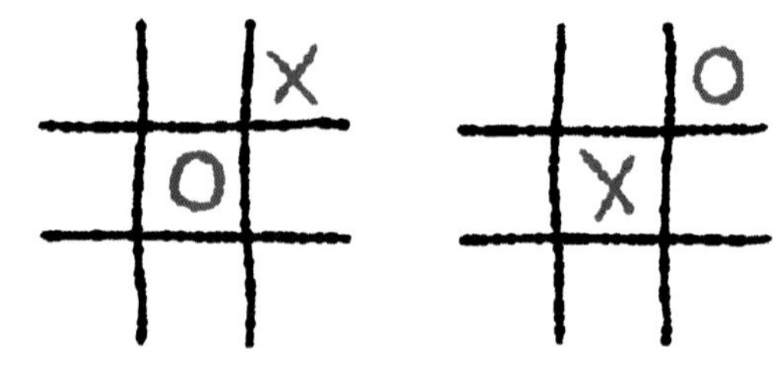

後手になって相手に
すみっこをとられたら、まんなかをとる。
相手にまんなかをとられたら、すみっこをとる。

これでぜったい勝てる?
ところがどっこい。
2人で○×ゲームをして、
どちらもミスをしなかったら、
かならず引き分けになると
数学的に
証明されているんだ。

チェッカー

どちらもミスをしなかったら、
チェッカーのゲームは引き分けで終わる。
かんぺきな戦術を探してもむだだよ。
あまりにややこしくて、人間の手には負えないんだ。
2007年、シヌークというコンピュータのプログラムが
チェッカーを「解いた」。
だけど、そこまでに19年かかったんだ!

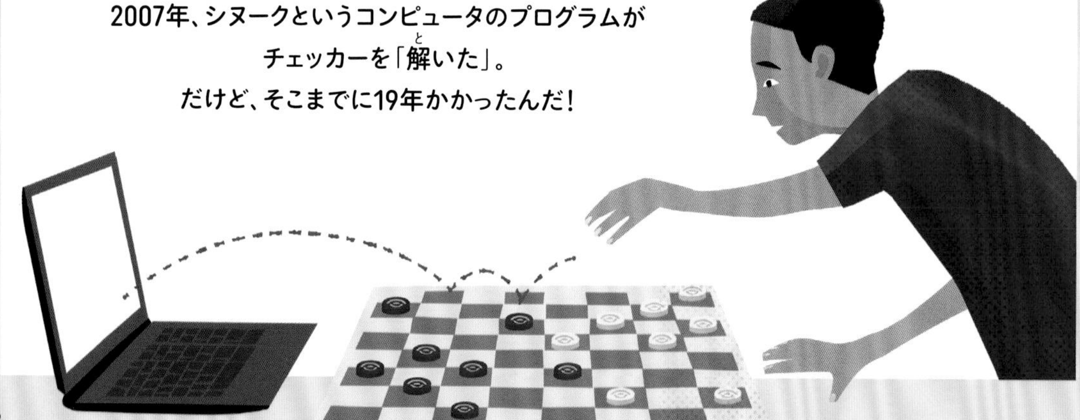

ゲーム理論

ゲームの研究をする数学者を
「ゲーム理論家」という。
○×ゲームのような楽しいゲームを解くことも、
あまり楽しくないゲームを解くこともある。
ゲーム理論家にとって経済をめぐる競争、
病気の流行、戦争などは
○×ゲームとおなじ「ゲーム」なんだ。
ゲーム理論家は数学の知識をもとに、
「勝つ」(いちばんいい結果を手に入れる)
ための戦略をみちびきだそうとする。

きみもゲーム理論家

ゲーム理論家みたいに、ゲームを解いてみたい？
じゃあ、数学的な戦略を使う古いゲーム「ニム」をやってごらん。
ニムは中国で生まれたとされるゲームだ。

ニムは2人で対戦するゲーム。2人がかわるがわる、山から石をとっていく。
山はいくつあってもいいし、石の数もいくつでもいい。
それぞれ順番がくるたびに山を選んで、好きなだけ石をとる。
少なくとも1個とればいいんだ。さいごの1個の石をとったほうの勝ち。

1人でニムをやってみよう。
まず2つの山と、下の絵のとおりの石の数でやってごらん。

ニムが解けるかな？

下の4つのニムにつき、それぞれ勝ちかたを
考えてみよう。おなじやりかたが、どのばあいでも
うまくいくだろうか。それとも先手か後手かによって、
やりかたを変えたほうがいい？

石の数はいくつか。どっちが先手で、どっちが後手か。
それぞれのばあいについて勝ち負けが予測できたなら
（2人ともかんぺきに、ミスなくプレーしたとして）、
ニムが解けたということ。
ひとまず、山が2つのばあいについてはね。

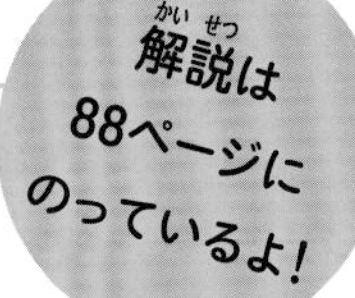

3個の山と6個の山

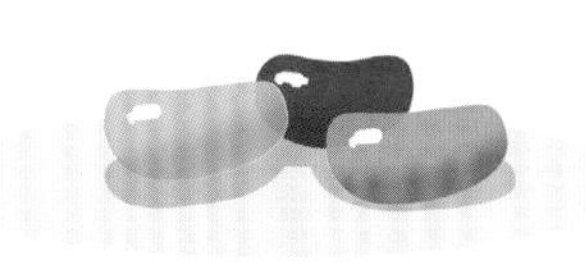
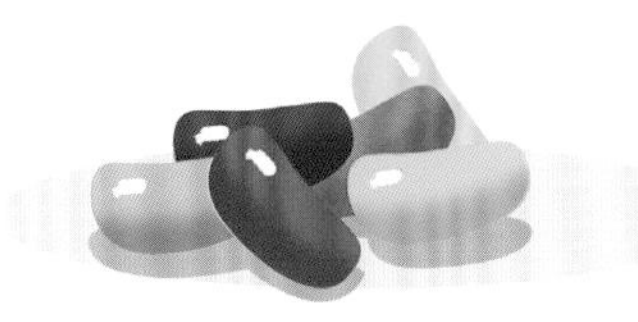

9個の山と10個の山

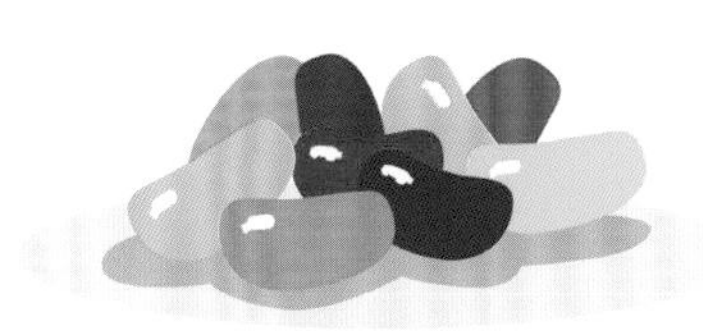

1個の山と11個の山

8個どうしの山

手はどれくらい？

そのゲームはむずかしい、それともかんたん？
数学者がそれをきめるのは、「ゲームの中で
どれくらいの手が生まれるか」による。
たとえば……

10の5乗
○×ゲームで
生まれる手

10の20乗
チェッカーで生まれる手

10の123乗
チェスで生まれる手。
1のあとに123個のゼロがつくんだ！
チェスはふくざつすぎて、
数学者もけっして
解けないといわれている。

スパイの数学

ひみつのメッセージを送りたいとき、どうする？
数学を使えばいいんだ！
スパイにとって、
数学は最強のひみつ兵器なんだよ。

暗号ってなんだろう？

暗号とは、ほかの人にわからないように
書かれたメッセージのこと。

暗号にはかならず「鍵」がある。
送り手がメッセージを暗号にするときと、
受け手がメッセージを読むとき、それぞれ鍵を使うんだ。
よく知られたべんりな暗号の多くは、
数学的なルールをもとにしている。
でも、どこかのスパイが数学を使って
メッセージを暗号にしたのなら、
敵が数学を使って暗号をやぶることも
できるはずだ。

エニグマの敗北

暗号がやぶられた例としてよく知られているのが、
第二次世界大戦中のできごと。
連合国が、ドイツの「エニグマ」という
名前の暗号機から送られた暗号を
解読したんだ。それをやってのけたのは
ポーランドの数学者たちで、「順列」とよばれる
数学の一種を使って暗号を読み解いた。
順列とは何かの（このばあいは文字の）
ならびかたについての研究だ。

シーザー暗号

シーザー暗号は、アルファベットをきまった数だけずらして作る。
たとえば3つずらしたらAはDに、BはEに、CはFになる。

もとの文字

a	b	c	d	e	f	g	h	i	j	k	l	m	n	o	p	q	r	s	t	u	v	w	x	y	z
D	E	F	G	H	I	J	K	L	M	N	O	P	Q	R	S	T	U	V	W	X	Y	Z	A	B	C

暗号で使う文字（左に3つずらされている）

ずらす数はいくつでもいい。
メッセージの送り手と受け手のあいだで、
あらかじめきめておくんだ。

シーザー暗号の弱点は、
1つの文字を当てられたらぜんぶ解読されてしまうこと。

シーザー暗号をやぶるには、
「頻度分析」といわれる数学のテクニックを使う。
いくつかの文字は、ほかの文字よりひんぱんに使われる。
たとえば英語のばあい、いちばんよく使われる文字はEだ。
シーザー暗号で書かれた英語のメッセージのばあい、
解読するにはよく出てくる文字をしらべて、
そのうちどれかがEだと見当をつける。
あとはいろいろずらしてみて、
解読できるかためしてみるんだ。

頻度分析を使って、シーザー暗号で書かれた下のメッセージが解読できるかな？

（わからなかったら、おうちの人に手伝ってもらおう）

まず、いちばんよく出てくる文字を見つけよう。その文字が、もとの文章では「E」の可能性が高い。Eがいくつずらされているか当てて、のこりのメッセージも解読するんだ。

gpgoa jcu dtqmgp ugetgv eqfg

ヒント いくつずらされているかわかったら、
ふつうの順番でアルファベットを書きだし、
ずらしたあとのアルファベットを下に書いてみよう。

答えは89ページにのっているよ！

最強の暗号

数学の知識ではぜったい解読されない暗号を作りたかったら、
「ワンタイムパッド」を使ってみよう。
やりかたはこうだ。

無敵ではない暗号

ほぼぜったいに解読されない暗号を作りたかったら、素数を使おう。これらのとくべつな数は、インターネット上で個人情報をまもるのに使われている（55ページを読もう）。でも、素数も無敵ではない。いつか強力なコンピュータが、暗号を解けるようになるはずなんだ。

ジョーはアルに「ハロー」というメッセージを送りたい。

1. ジョーとアルは送ろうとしているメッセージと数がおなじランダムな文字列「YHARZ」に、おたがい前もって目を通しておく。これが鍵になる。

2. ジョーはメッセージの文字ひとつひとつと、鍵の文字ひとつひとつに、アルファベットの位置にしたがって数字をふる。Aが0だ。

a	b	c	d	e	f	g	h	i	j	k	l	m	n	o	p	q	r	s	t	u	v	w	x	y	z
0	1	2	3	4	5	6	7	8	9	10	11	12	13	14	15	16	17	18	19	20	21	22	23	24	25

つまりHELLOは7 4 11 11 14になる。
鍵のほうは24 7 0 17 25。

3. つづいてメッセージの数字と鍵の数字を、1つずつ足していく。

4. もし数字の和が25より大きくなったら、25を引き算する。そのあと、数字を文字にもどす。できあがるのは6 11 11 3 14、文字にするとGLLDOだ。ジョーはその文字列をアルに送る。

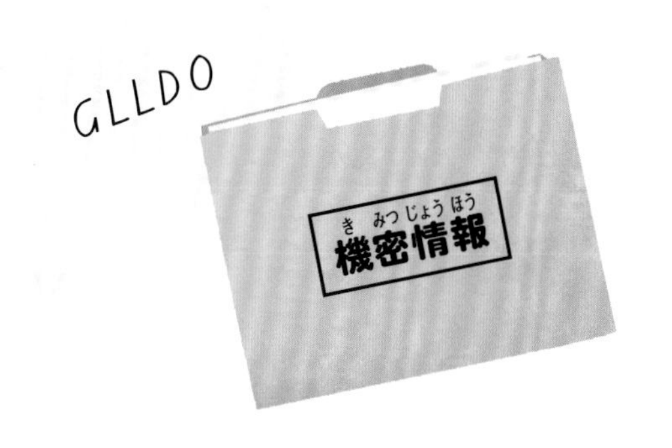

5. アルは受けとった文字列を数字にもどす。6 11 11 3 14だ。

6. これから鍵の数字を引く（24 7 0 17 25だったよね）。マイナスの数になってしまったら25を足す。

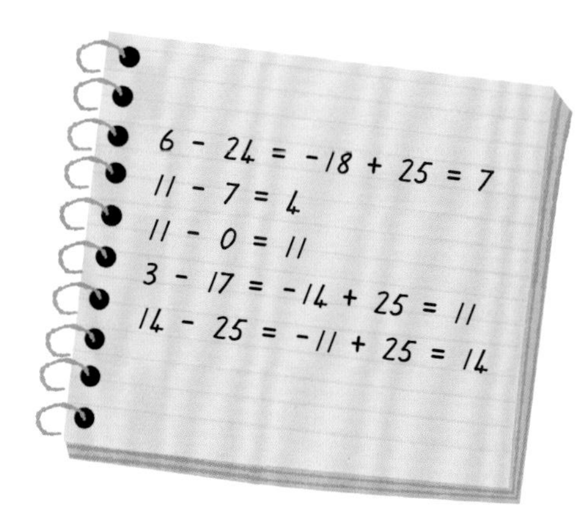

7. おしまいに、これらの数字を文字になおす。7 4 11 11 14はジョーからの「ハロー」というメッセージになる！

鍵がまちがいなくランダムで、1度しか使われず、ほかに知っている人がいなかったら、この暗号はかんぺき。ぜったい解読できないことが、数学的に証明されている。

おっとっと!

小数点の位置をまちがえたことはないかな? cmのつもりでmmと書いてしまったことは?
だれにでもまちがいはあるよ。数学者だって、いろいろとまちがえているんだ。
でも残念ながら、そうしたまちがいが大きな問題をひき起こしたこともある。

単位の換算をまちがえた!

メートル法とアメリカで使われている「ヤード・ポンド法」を行ったりきたりするのは失敗のもと。みんな何回も換算をまちがえたり、使う単位をまちがえたりしてきた。ときにはそのせいで、たいへんなことになったんだ。

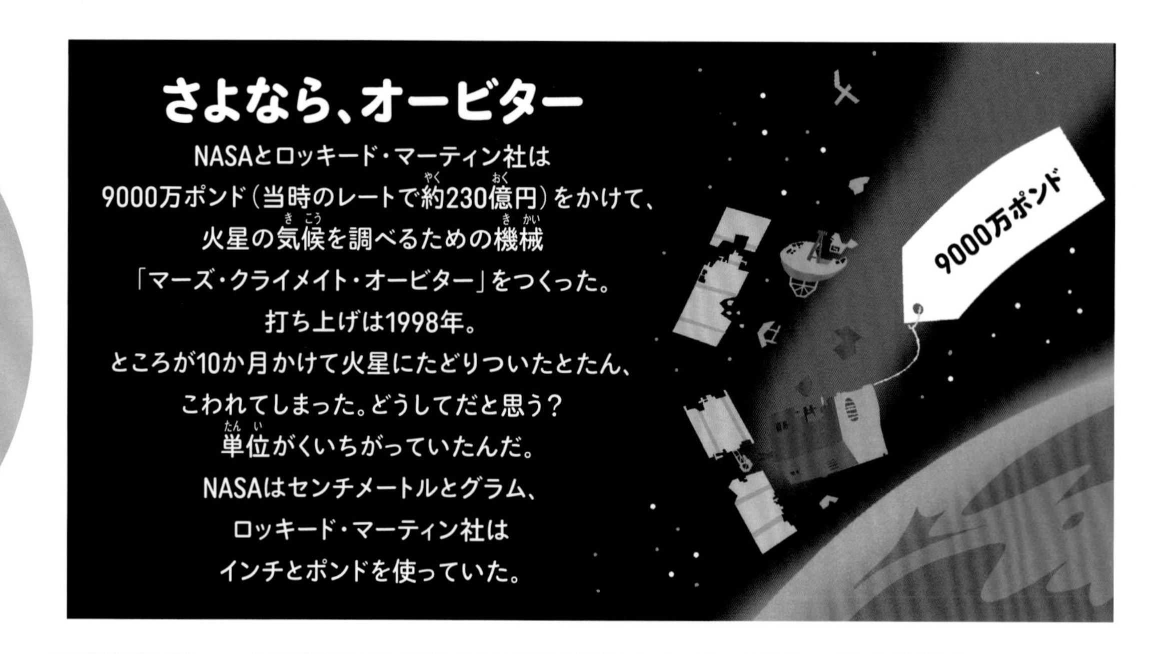

さよなら、オービター

NASAとロッキード・マーティン社は9000万ポンド(当時のレートで約230億円)をかけて、火星の気候を調べるための機械「マーズ・クライメイト・オービター」をつくった。打ち上げは1998年。ところが10か月かけて火星にたどりついたとたん、こわれてしまった。どうしてだと思う? 単位がくいちがっていたんだ。NASAはセンチメートルとグラム、ロッキード・マーティン社はインチとポンドを使っていた。

ヴァーサ号のさいご

1628年8月、ぴかぴかの軍艦「ヴァーサ号」がスウェーデンを出港した。そして20分後にしずんでしまった。いったい、なぜ? 船をつくった人たちが、2つの単位をまぜて使っていたからだ。1つはスウェーデン式のフィートで、約30cm。もう1つはアムステルダム式のフィートで、約28cmしかなかった! おかげで船はかたほうだけ重くなり、強い風にふかれたらたちまちしずんでしまったんだ。

ガソリンが足りない!

1983年7月、カナダのオタワを出発してエドモントンにむかっていたエア・カナダ143便が緊急着陸するはめになった。パイロットもびっくりしたはず。飛んでいるとちゅうで、ガソリンが足りなくなってしまったんだ。なぜ、こんなことに? またまた、単位の換算のまちがい。オタワの地上作業員たちはポンドで計算していたのに、飛行機のほうはkgで量っていたんだ。なんと飛行機は、目的地にたどりつくのに必要なガソリンの半分しか積んでいなかった。それでも、飛行機はぶじ着陸することができた。

まんなかで会いたかった

ドイツとスイスの2つの国にまたがるラウフェンブルクという町がある。
あるとき、町の中を流れるライン川に橋をかけることになった。ドイツがわとスイスがわからそれぞれ橋をのばしていき、まんなかで会う。
ところが2013年、もうすぐ完成というところで大さわぎになった。2本の橋は、高さが54cmもずれていたんだ！

こんなことになったのはドイツが北海、スイスが地中海をもとにして海抜を測っていたから。海抜は場所によってちがいが生まれる。
このときも、ドイツとスイスがそれぞれ出した数字には27cmの差があった。
橋をつくった人たちはそれを知っていたのに、高さを計算するとき、27cmを引き算するかわりに足し算してしまったんだ。おっとっと！

むりをいわないで！

なにかの数を0で割ろうとして、電卓に「エラー」というメッセージが出たことはない？ 1997年、アメリカの航空母艦「ヨークタウン」でおきたことも、それとまったくおなじだった。ただし「エラー」というメッセージだけではすまず、船がまるごとシャットダウンしてしまった！ 乗組員のひとりが船の上のコンピュータに0を入力して、0で割る計算をさせようとした。
だけど電卓を使っていてもわかるとおり、0で割ることはできない。
むりな計算をするようにいわれたコンピュータは、動作が止まってしまったんだ。
おかげで船は港まで引っぱっていかれ、修理に出されるはめになった。

小数点は1200万ポンド

スペインの海軍は何十億ポンドもかけて、りっぱな潜水艦を4隻つくることにした。
ところがだれかが計算するときに小数点をつけわすれたせいで、あやうくすべてが水の泡。2013年、完成まぎわの潜水艦が予定より65tも重たいことがわかったんだ。そのまま潜水していたら、たぶん2度とうかんでこなかった。
こうして潜水艦の設計をやりなおすことになり、1200万ポンドもよけいにかかってしまった。

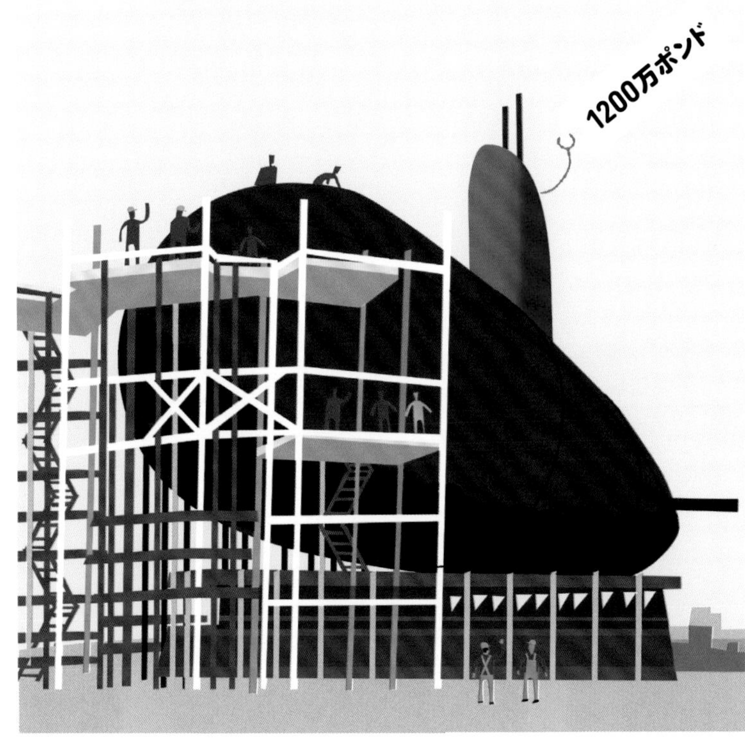

きみも数学名人になれる

数学名人になるやりかたは、だれでもおぼえられる。必要なのは練習だけ。
このページで紹介するかんたんな技を身につけて、数学のスキルをみがこう。でも、だいじなことが1つ。
数学者は技が使えるだけじゃない。なぜその技がうまくいくのか、ちゃんと知っているんだよ。

幾何学の名人

定規を使わないで、長方形の紙からかんぺきな正方形を作ってみよう。
折りかたは下の説明のとおり。

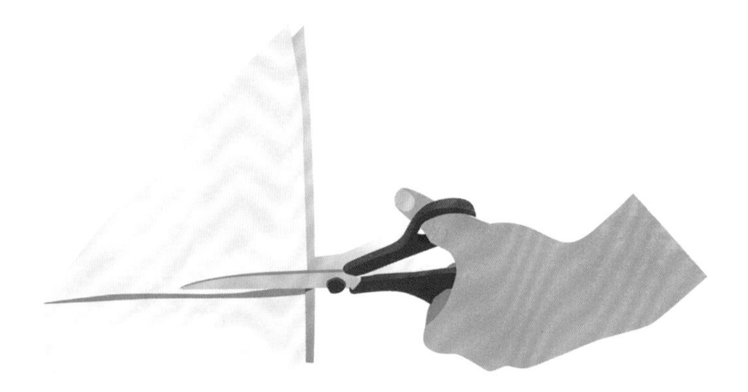

1.

短いほうの辺が
上になるようにおいて、
左上のすみを
長いほうの辺にあわせて
折り下げる。
辺どうしを
ていねいに合わせてから、
しっかり折ろう。

2.

下のほうにできた、
横長の長方形を切りとる。

3.

紙をひらいてごらん。
定規を使っていないのに、
かんぺきな正方形ができた。

なぜ、そうなるのかな？

正方形は4つの辺の長さがぜんぶおなじ。
いっぽう長方形は、2組の辺がそれぞれおなじ長さだ。短い辺の角を三角に折って長い辺に重ねると、
定規を使わずに2つの辺の長さをそろえられる。
だから横長の長方形を切りとると、正方形ができるんだ。

世界の天才たち

しっかり勉強したら、
みんな数学名人になれる。
でもときどき、
天才的な能力をもった人たちが
あらわれるんだ。
たとえば、こんな人たち。

ジェイソン・パジェットは、
毛布を売る仕事をする、ふつうの人だった。
ところが、頭をけがしてから
脳のはたらきが変わったんだ。
今では数学のことばかり考えていて、
とてつもなくふくざつな
フラクタルを手でかける。

シャクンタラ・デヴィは、
インドの数学者で、
びっくりするような暗算ができる。
13桁の数字どうしのかけ算をたった28秒で
やってみせて、ギネスブックにのったんだ。

かけ算の名人

かけ算やわり算をすらすら解いてみたければ、規則性を見つけること。
規則性がわかったら、11はいちばんかけ算がかんたんな数のひとつになるはずだよ。

11を1桁の数字とかけてみよう。おなじ数字がならぶだけだね。

11×1=11
11×2=22
11×3=33
……などなど。

11と2桁の数字をかけてみよう。

1. 11ではないほうの数字の桁を、あいだをあけて書く。
それが答えのはじめと終わりの桁だ。

たとえば：**11×24=2_4**

2. 11ではないほうの数字の位どうしを足す。
それが答えのまんなかの桁。

たとえば：**2+4=6,** だから、**11×24=264**

できあがり！

11ではないほうの数字の位どうしを足したら、
大きくなりすぎちゃった。まんなかに入らないよ！

たとえば：**11×39=3_9** でも、**3+9=12**

そのばあいは2をまんなかの数字にする。そして3に1を足す。

11×39=429

なぜ、そうなるの？

この技がうまくいくのは、11をかけるのは10と1をそれぞれかけて、
答えの和を求めるのとおなじだから。
たとえば……

11×24は10×24（240）と1×24（24）の和=264

かけ算の名人の多くは、11ではない大きな数をかけるときも、
頭の中でおなじような技をすばやく使っている。
たとえば暗算で73をかけるのがむずかしすぎたら、
70と3をそれぞれかけて、答えを足してみよう。
少しやりやすくなったかな？

11×10=110
11×11=121
11×12=132
11×13=143
つづく！

**キャサリン・ジョンソン、
ドロシー・ヴォーン、メアリー・ジャクソン**は、
それぞれ1950年代や60年代からNASAで働きはじめ、
宇宙計画のためにむずかしい数学的な計算をした。だけど3人とも黒人だったせいで、
白人とはべつの場所で作業をさせられ、能力をきちんとみとめてもらえることもなかった。

マグヌス・カールセンは、
史上最強のチェスプレーヤーかもしれない。
23歳で世界王者になり、
24歳までにチェスの歴史で
いちばん高い
レーティングを記録していた。
チェスが強くなるには論理、
計算、幾何学が
よくわかっていなくてはいけない。
どれも数学の一種だね。

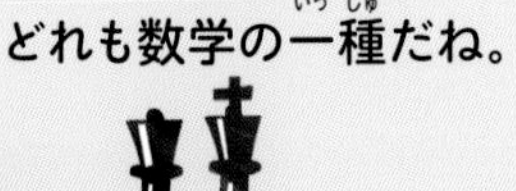

もっと、数学クイズ

このページの数学クイズを解いてごらん。
答えは89ページにのっているよ。解ける前にのぞき見するのはなし！

覆面算にチャレンジ！

数字を足し算することはできる。じゃあ、文字はどう？

覆面算とは、数字が文字におきかえられている計算問題のこと。
文字にはそれぞれ0〜9の数字があてはまる。“す”も“た”も0ではないよね。
どんな数字をあてはめたら、この筆算が成り立つかな？

すうじ
＋すうじ
―――――
たしざん

ヒント
この筆算の答えはいくつもある。1つ答えを見つけたら、たぶんもっと見つかるよ。

よーく見てごらん！

右と左の絵を見て、どんなルールで分けられているのか当てる問題を「ボンガードパズル」という。ルールは図形、大きさ、位置などいろいろ。そのほかのものでもいいんだ。

まず、かんたんな問題を解いてみよう。

左の6枚の絵と、右の6枚の絵は、
どんなルールで分けられているのかわかるかな。

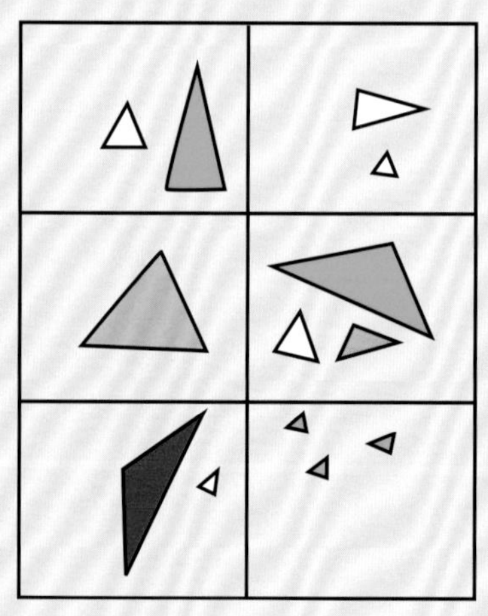

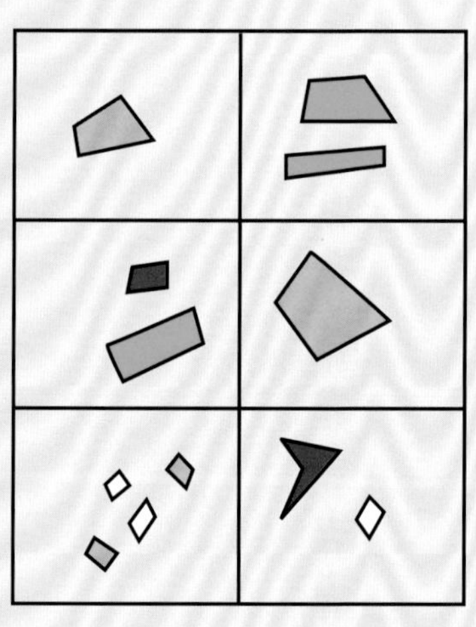

わかるかな？

答え。左の絵の図形は、どれも辺が3つある。
右の絵の図形は、辺が4つだ。

さあ、自分で解いてみよう！

パズル1

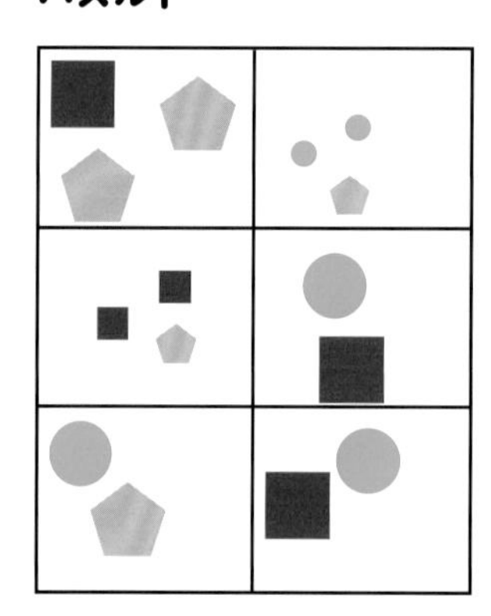

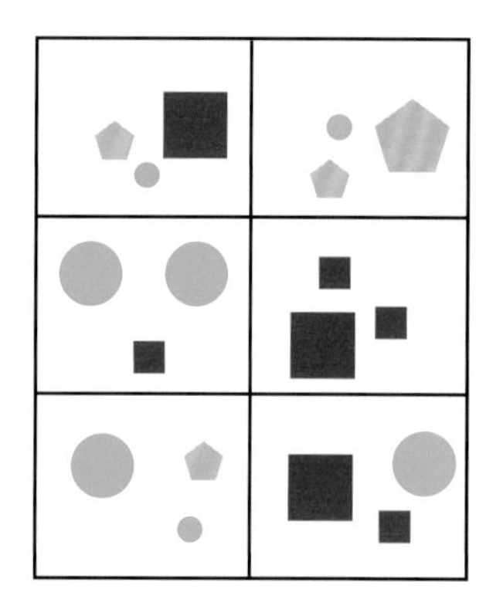

パズル2

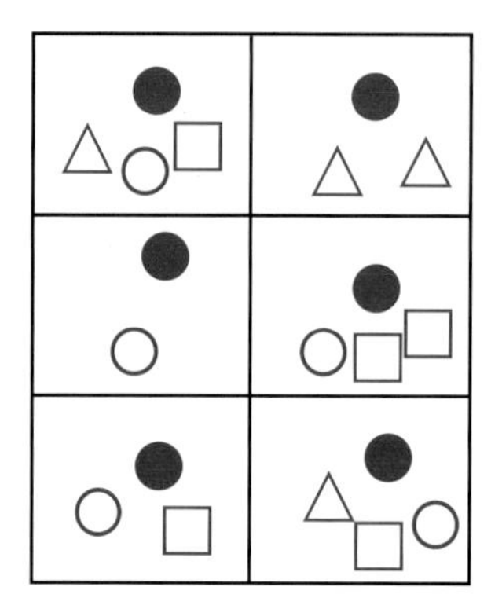

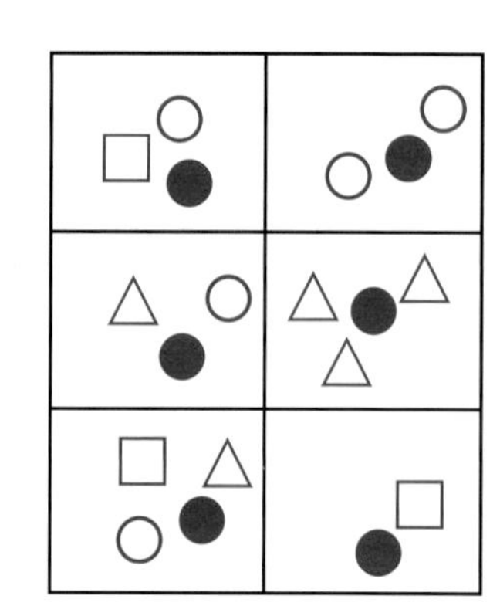

へらして いいのは2本

つまようじを使った問題が解けるかな。

ヒント
つまようじ、えんぴつ、ストローなど、まっすぐで細いものを使って、じっさいに形を作ってごらん。

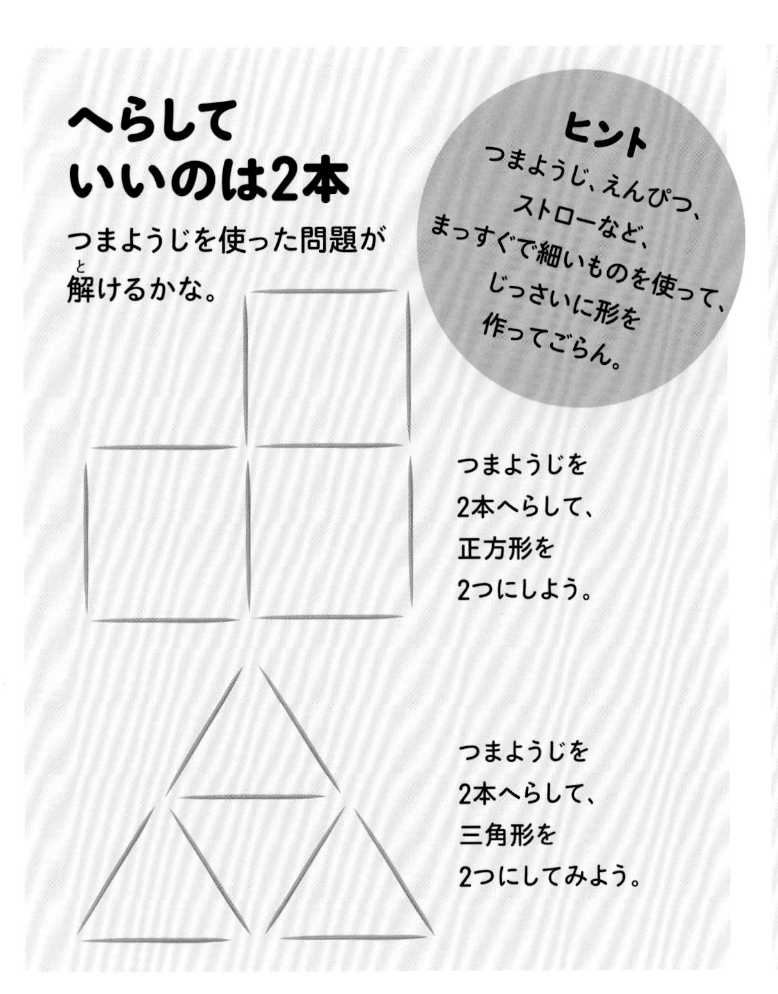

つまようじを2本へらして、正方形を2つにしよう。

つまようじを2本へらして、三角形を2つにしてみよう。

三角形を作ったら負け!

友だちといっしょにやってみよう。

まず、下の6つの点を紙に書きうつそう。
それぞれちがう色のペンを使って、順番に点どうしを線でむすんでいくんだ。
1度むすんだ点どうしを、もう1度むすぶのはだめ。
先に3つの点をむすんで三角形を作ってしまったほうが「負け」だよ!

たとえばこのばあい、赤い線を引いていた人の負け。3つの点をむすんで、赤い三角形を作ってしまったからね。

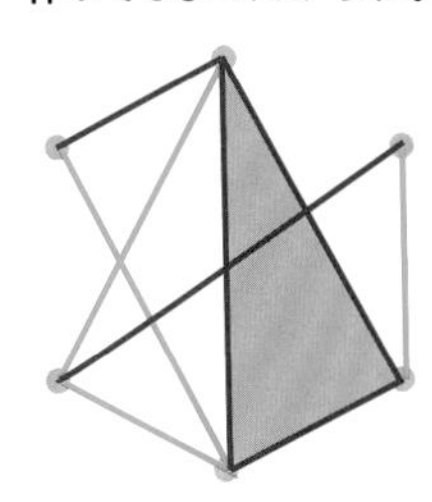

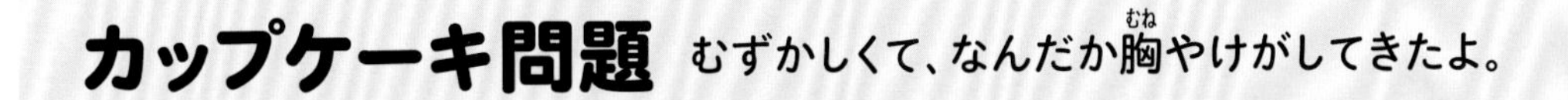

カップケーキ問題

むずかしくて、なんだか胸やけがしてきたよ。

あるトラックの運転手さんが、「こそあど村」のカップケーキ工場から1000kmはなれた「てにをは町」のパン屋にカップケーキを運ぼうとしている。いっぺんにトラックに積みこめるカップケーキは1000個。ところが運転手さんは甘いものに目がなくて、1kmごとにカップケーキを1個食べてしまうんだ。トラックに1000個積みこんで目的地まで行ったら、カップケーキはぜんぶなくなってしまう。てにをは町までぶじにカップケーキを運ぶには、どうしたらいい? お手あげだって? がんばれ! パン屋まで500個運べばいいことにしてみよう。

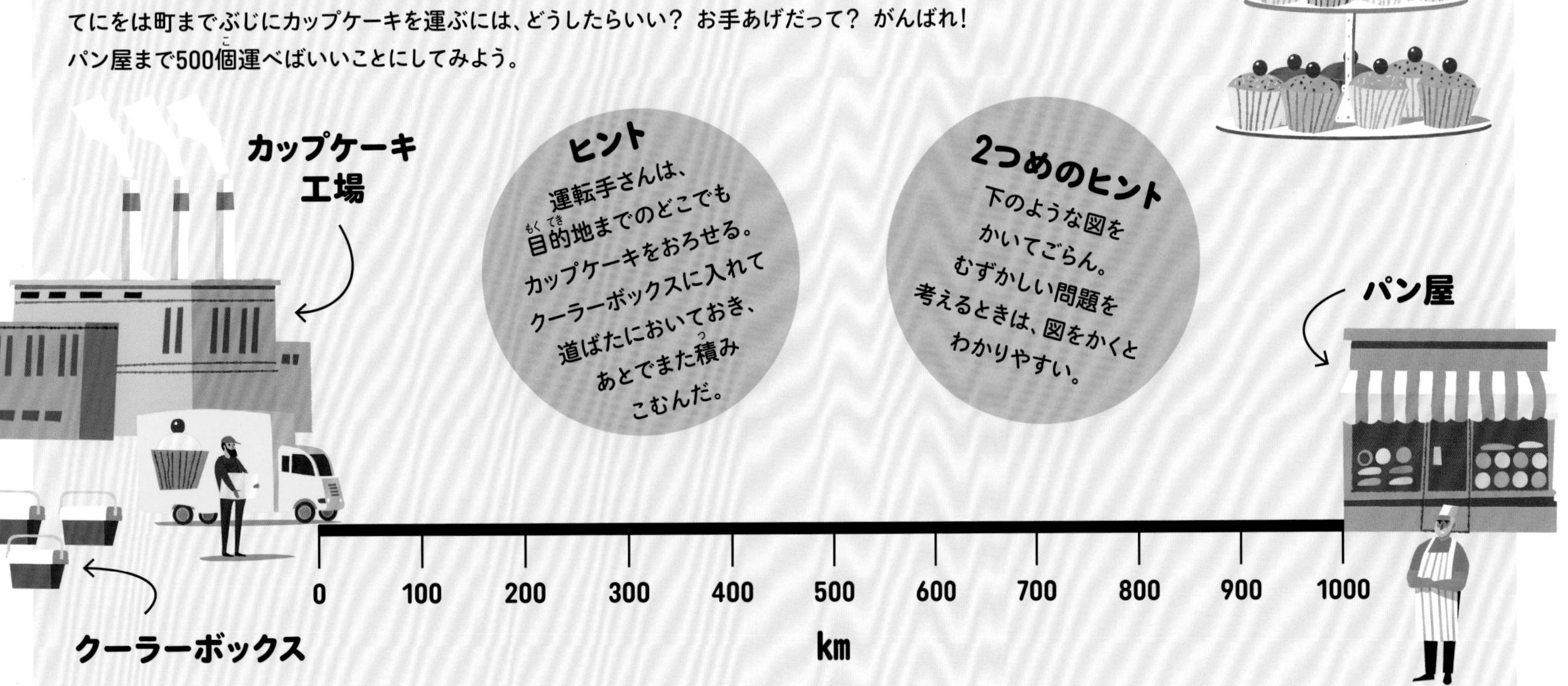

解答編

◎12ページ
ひとめでわかる数学の歴史

魔方陣

4	9	2
3	5	7
8	1	6

◎15ページ
数学の殿堂

ライフゲーム
死んでしまうのは3つめのグループのセル。
それぞれグループのセルはこうなる。

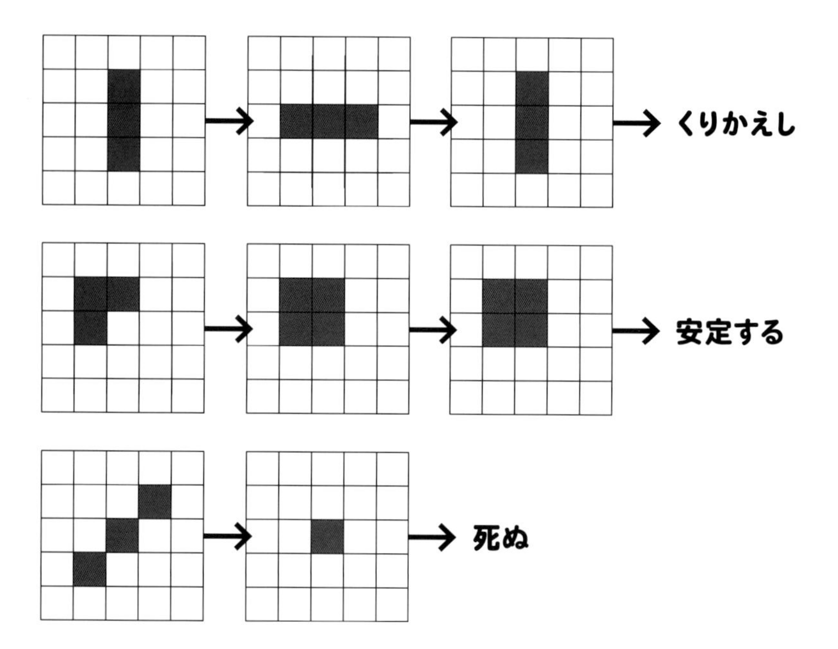

◎79ページ
ゲームざんまい!

きみもゲーム理論家
2つの山でニムをするときの必勝法は、石の数をおなじにしていくこと。
自分の番がきたら、石をとって数をそろえよう。
毎回そうしていたら、きみの勝ち。

この戦略を使えるかどうかは、つぎのばあいによる。
- 山の石の数
- 先手か、後手か

先手のばあい、スタートしたときの山の石の数がばらばらだったら
この手が使える。後手のばあい、山の石の数がおなじだったら使える。

たとえばスタートしたときの山が、石6個と3個のとき。
先手が有利だ。

一手目で石の数をおなじにする

先手  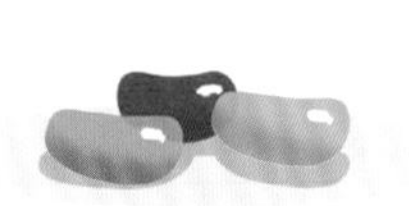

後手のプレーヤーは、少なくとも石を1個とる。
きみの番がきたとき、また石の数はちがっている。

後手   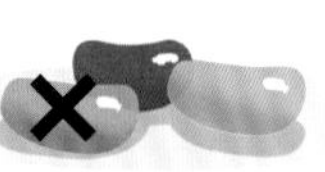

自分の番がくるたびに石の数をそろえる

先手  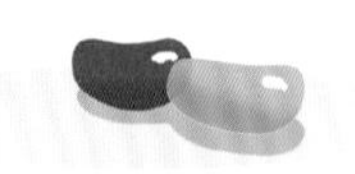

後手  

先手  

石の数が1個ずつになったら、勝ちが見えたはず。
後手のプレーヤーは、どちらかの山の石を取らなくてはいけない。
さいごの石を取るのはきみだ。

後手 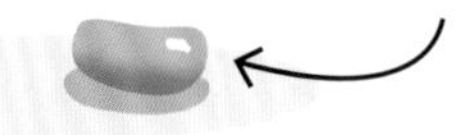 

◎80ページ

スパイの数学

シーザー暗号

文字列は2つずれている。メッセージは “Enemy has broken secret code”（敵が暗号をやぶった）。

◎86～87ページ

もっと、数学クイズ

覆面算にチャレンジ！

足し算がうまくいくように、文字を数字におきかえていく方法はたくさんある。
でも、“た”が1なのはまずきまり。
“すうじ”は3桁の数、“たしざん”は4桁の数だからだ。
3桁の数どうしを足して4桁になるなら、4桁の数はかならず1ではじまる。

この覆面算の答えを2つあげる。

す=5, う=2, じ=3, た=1, し=0, ざ=4, ん=6, つまり 523+523=1,046

す=9, う=3, じ=6, た=1, し=8, ざ=7, ん=2, つまり 936+936=1,872

よーく見てごらん！

［**パズル1**］
左の絵は、それぞれのマスの中で図形の大きさがおなじ。
でも右の絵は、図形の大きさが大小バラバラだね。
［**パズル2**］
左の絵では、影のついた円はかならず影のない図形の上にある。
右の絵では、影のついた円は影のない図形の下にあったりする。

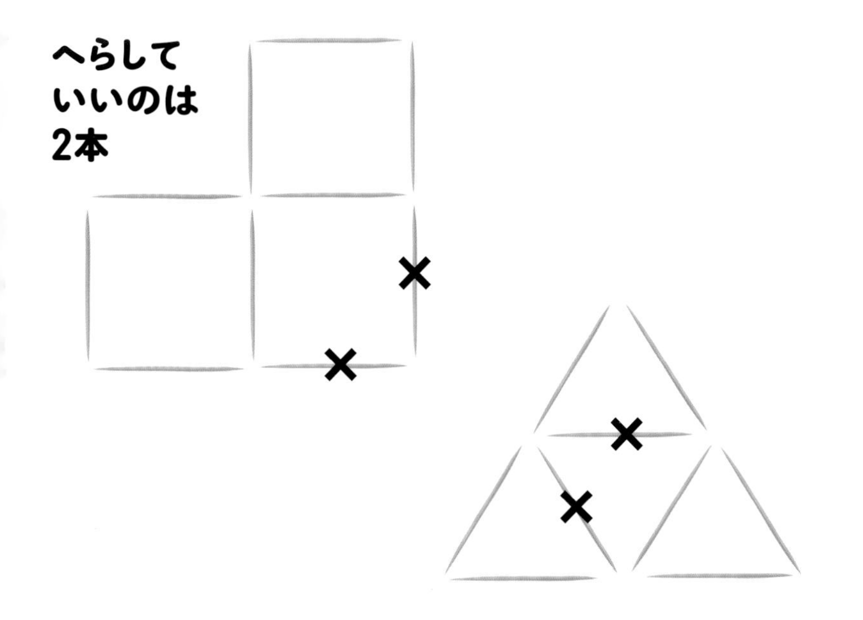

カップケーキ問題

こそあど村からてにをは町まで、500個のカップケーキをぶじに運ぶ方法はいろいろある。運転手さんがとちゅうでカップケーキをおろして、あとで取りにくればいいんだ。たとえばこんなふうに。
きみもこうやって解いたかな。あるいは、ちがうやりかただった？

運転手さんはトラックに1000個のカップケーキを積みこみ、
500km先まで行く。そこまでのあいだに500個のカップケーキを食べて、
のこりの500個をおろす。

それからこそあど村にもどり、1000個積みこむ。
また半分の道のりまで、500個のカップケーキを食べながら行く。
500kmの地点で、さっきおろしていった500個を積みこむ。
トラックにはまたカップケーキが1000個。てにをは町まではのこり500kmだ。
そのあいだに500個食べてしまうけれど、ちゃんと500個とどけられる。

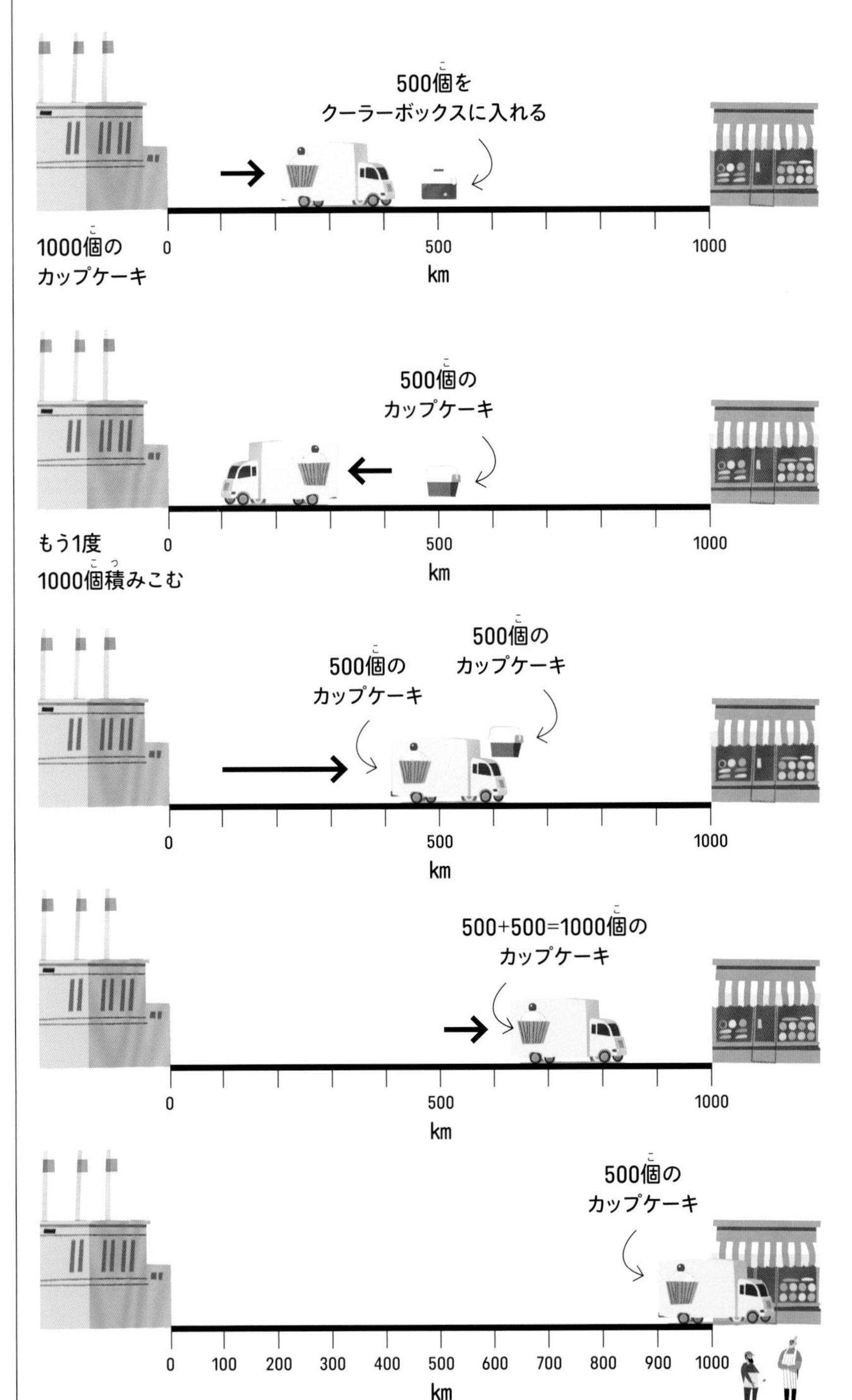

大事な用語

値
数の大きさのこと。

アルゴリズム
方法や手順のこと。
コンピュータはアルゴリズムを使って問題を解いたり、作業をしたりする。

1次元
次元の数が1つであること。縦・横・奥行きのうち縦だけ。

円周
円のまわりの長さ。

円柱
おなじ大きさの円形の上下の面と、垂直な側面をもつ3次元の形。

回転
図形や立体が、点や軸を中心に回ること。

確率
何かの起こりやすさのこと。
たいてい分数あるいはパーセントであらわす
(2分の1の確率、50%の確率)。

幾何学
図形や線、点、角度を研究する数学の分野。

記数法
いくつかの記号で数をあらわすこと。
いちばん広く使われているのは「アラビア文字記数法」で、
0,1,2,3,4,5,6,7,8,9の数字を使う。
ほかにもローマ数字や古代ギリシャのヒエログリフを使った記数法がある。

球
3次元における円。
中心から表面への距離は、どの地点でも変わらない。

位取り
数字を書いたとき、位置によって大きさが決まること。
左に進むごとに規則にしたがって大きくなる。
たとえば327のばあい、3は100の位、2は10の位、7は1の位。
左に進むにつれて、右よりそれぞれ10倍大きくなっていく。

グラフ
2つ以上のデータの関係を図であらわしたもの。
ピクトグラム、バブルチャート、棒グラフなどいろいろある。

公式
記号や数字を使って書かれた、数学的な事実やルール。

古代ギリシャ
おおよそ紀元前12世紀から西暦600年までのギリシャのこと。
場所は地中海のまわりの、現代のギリシャの近く。

三角法
三角形の角と辺の長さの関係を研究する数学の分野。
とりわけ直角三角形をあつかう。

3次元
次元の数が3つあること。縦・横・奥行きのすべて。

算術
数について研究し、足し算、引き算、かけ算、わり算といった
数学的な手続きによって何が起きるか調べる数学の分野。

次元
空間の広がりをあらわすもの。縦方向、横方向、奥行きなどがある。

小数
整数ではない数のひとつ。
0.1や3.6のように、1に満たない部分は小数点を使ってあらわす。

錐体
底面をもち、側面が頂点にむかって細くなっていく3次元の形。

数学者
数学を勉強する人。きみも数学者だね!

数字
数をあらわす記号のこと。
0,1,2,3,4,5,6,7,8,9の10個の数字が使われている。

整数
…−3,−2,−1,0,1,2,3,…といった数のこと。小数と分数はふくまれない。

測定
大きさや量などをはかること。
たとえば2つの場所の距離、ものの重さ、容器の体積など。

素数
1より大きく、自分自身と1でしか割り切れない数。
たとえば13は、13と1でしか割り切れないから素数だ。

対称性(シンメトリー)
左右をひっくりかえしたり、回転させたり、
移動させたりしたあとも図形や立体が元とおなじように見えたら、
対称性があるということ。

代数学
数のかわりに数学的な記号を使う数学の分野。

体積
空間において3次元の形がしめる量。

単位(測量の)
m、cm、g、kg、分など量をはかるとき広く使われている基準。

直角
90度の角のこと。

直径
円周上のある点から中心を通って反対の円周まで引いた線分
(2つの点にはさまれた直線の部分)の長さ。

定理
正しいと証明されている数学的な事実のこと。

データ
事実や数などの集まりのこと。

統計値
統計を調べるときに使われるデータ。
統計学とはデータを研究し、整理する数学の分野だ。

等式
2つの数学的なことがらのあいだに等号(=)をはさんだ式のこと。
たとえば4X+8=16。このばあい4X+8と16は等しい。

トポロジー
形をどんなふうにつぶしたり、曲げたり、
のばしたりできるか研究する数学の分野。

2次元
次元の数が2つあること。縦・横・奥行きのうち縦と横だけ。

2乗
おなじ数をかけること。
たとえば3の2乗は(3^2とあらわす)、3×3だから9だね。

パーセント
100分のいくつであるかをあらわしたもの。
たとえば20パーセント(%)は、100分の20ということ。

パイ(π)
円の直径に対する円周の長さの比率。円周率ともいう。
円周の長さはつねに直径にパイをかけた値になる。
パイはおおよそ3.14159だ。

倍数
数Aが数Bで割り切れたら、AはBの倍数ということ。
たとえば12÷3=4だから、12は3の倍数だ。

半径
円の中心から円周までの距離のこと。半径は直径の半分だ。

微積分
変化について研究する数学の分野。

比率
2つ以上の量をくらべたもの。たとえばペットを10匹飼っていて、
7匹が魚、3匹がネコだったら、家のなかの魚とネコの比率は7:3だ。
「割合」も見てみよう。

負の数
0より小さい数。

フラクタル
自己相似性をもつ図形。おなじ形のくりかえしでできている。

分子
分数の横線の上に書かれた数のこと。
割った数の何個分なのかをあらわしている。「分母」も見てみよう。

分数
整数ではない数のひとつ。ただし$\frac{2}{3}$、$\frac{3}{4}$、$10\frac{1}{2}$など、
整数と「整数を割ったうちの何個分か」として書きあらわすことができる。
横線の下の数を「分母」といい、整数をいくつに割ったかをしめしている。
横線の上の数は「分子」。割った数の何個分かをしめしている。

分布
統計で使われる言葉。データがどんなふうに散らばっているかを意味する。

分母
分数の横線の下に書かれた部分のこと。
整数をいくつに割ったかをあらわしている。「分子」も見てみよう。

平均
いくつかの数のまんなかのこと。
「平均」というときはだいたい「平均値」をさしている。
平均値を出すにはデータの中の数値をすべて足して、データの数で割る。

平方根
数Aを2回かけて数Bが得られるばあい、AをBの平方根とよぶ。
たとえば3×3=9だから、9の平方根は3だ。

変化率
ある量が、べつの量に対してどれくらいの割合で変化するか。
たとえば速度は、時間がたつにつれての移動の距離の変化率だ。

無限
どこまでもつづくこと。

無理数
終わりがなく、規則性もない小数でしめされる数字。
分数ではあらわすことができない。たとえばπは無理数で、
だいたい3.14159だ(だけど小数点以下はえんえんとつづく)。

メートル法
十進法と10の累乗を使った、測りかたのシステム。
メートル法では長さにm、質量にkg、体積にℓを使う。

面
立体の平たんな表面。

面積
円や正方形など、2次元の図形の広さのこと。

約数
ある数を割り切るべつの数。たとえば3は12の約数。12÷3=4だからね。

列
順序にしたがったものの並びのこと。

割合
全体にたいする部分の量のこと。
たとえばペットを10匹飼っていて、そのうち7匹が魚だったら、
ペットのなかの魚の割合は70%(7割)だ。「比率」も見てごらん。

スフェリコンの型紙

1. 紙をのせて上からなぞり、
切り取ってみよう

2. 点線にそって折る

3. のりしろAを
辺Bにのりづけする

4. セロハンテープを少しだけ使って
曲線どうしをはりつける

のりしろA

B

スフェリコン

さくいん

あ

か

さ

た

ま

や

わ